如期達標加分、未達標準扣分、超額發揮獎分——以分數為誘因，刺激新人的榮譽感，找回老員工的積極性！

積分管理學
高效提升企業競爭力
POINTS MANAGEMENT

▶ 想盡辦法卻留不住新人，公司流動率太高？
▶ 一視同仁發放福利，資深員工覺得不公平？
▶ 不想「能者過勞」，所以大家都不願努力？

譚文平，高國棟 著

從制度分到文化分，探索積分制的多元應用與實踐；
利用 APP 打造全新管理模式，在數位時代中脫穎而出！

目 錄

前言

第一篇　遊戲式積分管理概述篇

第一章　遊戲式積分管理綜述 …………………………………… 014

第二篇　積分制實施方案設計篇

第二章　公共積分（A、B、D、E 分）方案設計 ………… 038

第三章　分層分類績效分（C 分）方案設計 ……………… 075

第四章　部門管控分（K 分）方案設計 …………………… 107

第三篇　積分制實施應用篇

第五章　積分在 PK 層面的應用 …………………………… 130

第六章　積分結果應用 ……………………………………… 150

第七章　積分管理的軟體化 ………………………………… 206

第八章　積分管理應用標竿企業實操案例 ………………… 229

附：員工訪談匯總摘要

結束語　ENDING

目錄

前言

為什麼寫這本書？

在多年的顧問實踐中，筆者經歷了從企業到管理顧問公司，又從管理顧問公司回爐企業，再從企業回歸管理顧問公司的過程，在身分上經歷了從管理者到經營者的轉變。一路走來，感慨萬千，時刻能感受到企業經營者、高管人員、HR 從業者在激發個體方面遇到的各種困惑和壓力。正是在這一因素的驅動下，筆者嘗試著去做一些能幫助他們解決管理上的困惑的事情，如寫一本關於如何全方位量化評價員工綜合貢獻方面的書。在寫作期間，很多朋友，包括許多企業家、同行、客戶、學員等，都給予了我巨大的支持、肯定與幫助，本書最終歷經 3 年，幾易其稿，終於成書。

在此，假設你是一位企業經營者、高管人員、HR 從業者，我們來探討兩個問題。

問題 1：如何激發個體？

現在都在說企業要發展得好，就要捨得分錢、會分錢、分好錢。但這一命題的前提是，只有真正把員工對企業的綜合貢獻、關鍵結果貢獻、關鍵行為貢獻評價出來，才能做到有效激勵。如果不能把員工的價值貢獻辨識出來，不能有效解決員工價值貢獻評價的問題，所謂的價值

分配就成為無源之水、無本之木，企業分得越多，成本就越高，對組織和核心員工的傷害就越大。

問題 2：什麼樣的員工是優秀的員工？

假設我們對優秀員工畫一幅肖像，有人會說，具備學歷高、職稱高、遵章守紀、業績優秀、認同企業文化、執行力高、學習力強等這些條件和要素的員工就是優秀的員工。我們也認同這一說法，一個具備了上述條件的員工，無疑是優秀的員工。

但問題的關鍵是我們如何評價？

什麼是執行力高、學習力強？如何評價員工認同企業文化？如果不能量化評價這些定向的積分指標，評價員工綜合貢獻就無從談起，更無法透過價值評價達到激發個體、提升組織績效的目標。

本書從體系化、模型化、系統化的角度，闡述了如何全方位、立體化、360 度量化評價員工對企業的綜合貢獻。企業對員工的貢獻進行綜合利益回饋，最終誰創造價值，誰分配利益，誰創造主要價值，誰分配主要利益，公平地實現不平等的最大化。

人是企業經營的核心資產

企業管理，簡單地說就是「人＋事」兩條線的管理，隨著時代的發展，更多的企業經營者、管理者意識到人力資源管理的重要性。很多企業已經把人力資源作為企業的核心競爭資源來對待，因為管理者非常明白一個道理，人搞不定，事就辦不成、辦不好。經營企業的核心，實際上是經營人。

我們常常把人力資源管理比喻成火箭的發動機，如果要讓火箭飛得更高、更快，必須有一個強而有力的火箭發動機。同樣的道理，企業如果想持續經營、永續經營，就要想辦法打造一套培養人、評價人、激勵人的激勵與約束並存的管理制度。要不斷進化管理思維，不斷優化管理模式，要從現有的第一曲線的思維模式、管理模式昇華到第二曲線，這樣才能建構企業未來的核心競爭力！

楊三角模型為什麼值得企業家深度思考？

著名的楊國安教授，結合多年的學術理論和企業實踐，提出了著名的楊三角模型。該模型提出：企業持續成功＝策略 × 組織能力，兩者之間是相乘關係，而不是相加，其中一項不行，企業就無法成功。

企業成功＝策略×組織能力

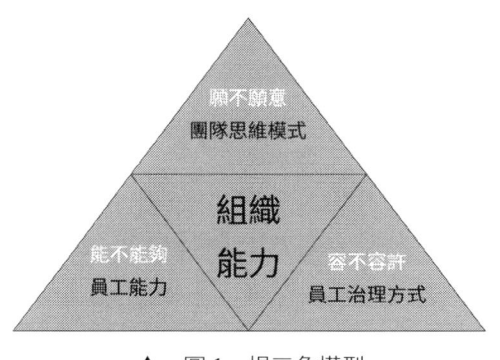

▲ 圖1 楊三角模型

在現實當中，一個企業的策略很容易被競爭對手模仿，但組織能力難以被模仿。從企業實踐中可以發現，組織能力在影響企業成功方面往往起到更為關鍵的作用。而企業組織能力有三個支柱，一是員工思維模式（願

前言

不願意）；二是員工能力（能不能夠）；三是員工治理方式（容不容許）。

◆ **第一駕馬車 —— 員工思維**

意思就是員工每天上班的時候，是不是真的把心思放在工作上，有沒有想將工作做得更好一點，做得比以前更進步一些，做得讓公司更滿意一點。這就是員工做事情的動力體系建設，沒有動力則沒有主動性，哪怕能力再強也發揮不出來。員工缺乏工作的動力，往往是企業的激勵機制和約束機制沒有建立或不完善所致。

◆ **第二架馬車 —— 員工能力**

說到底是員工有沒有具備相應的知識、能力、經驗把工作按照標準完成，甚至做得更好。員工空有滿腔熱情，但是不具備把工作做好的知識、技能和素養，也不會達到工作績效標準。

◆ **第三架馬車 —— 員工治理方式**

員工有了工作的熱情，具備把事情做好的知識、經驗，就一定能夠出色地完成工作任務嗎？不一定。員工治理方式要解決的是，員工有了激情、有了能力，還需要公司提供相應的管理上的資源和支持。例如：公司的組織架構決定了匯報鏈，決定了組織成員的分工體系，每個部門、每個職位的職責是否清晰？有沒有重疊、交叉、遺漏的事項？組織的一級、二級、三級流程是否通暢？管理者和核心職位是否能夠依據組織流程進行相應授權？如果缺失這些資源條件，也會導致一個團隊的組織能力得不到有效發揮，從而影響目標績效的達成。

楊三角管理模式強調了人是企業可持續性發展的原動力，重視人、用好人、激發人是企業在不確定環境中戰勝競爭對手的致勝法寶。

人用好了就是資產，用不好就是負債。

當前企業在僱用員工方面遇到的最大問題和困惑，不是員工有沒有能力把工作做好，而是員工有沒有意願把工作做好。不解決人的動力問題，不激發員工積極性，企業的生命週期將會像流星一樣短暫。而要解決員工動力的問題，對員工的全方位貢獻評價就是一道繞不過的坎。

當前，很多中小企業遇到成本（費用）上升、核心員工流動率上升、利潤（業績）下滑的難題，尤其是核心員工頻頻流失，令企業頗為頭痛。很多人認為這些現狀是員工薪酬沒有競爭力、提供的福利不夠好所致。於是一些企業著手變革薪酬體系，開始重整組織職位，建立職位價值評估模型，進行薪酬市場調查研究、寬頻薪酬設計[01]、員工模型開發與應用等工作。企業實施薪酬變革，期望給員工加薪後，員工的精神面貌、工作態度、工作責任心會有所轉變，員工績效能夠持續提升，但理想很豐滿，現實很骨感，員工加薪後的表現還是和以前一樣，甚至還不如以前。加薪變成了加成本，讓企業老闆苦不堪言、無所適從。之所以出現這種狀況，是企業變革選錯了方向。薪酬分配，是價值評價的結果；價值評價，是薪酬分配的依據。只有評價得好，才能分配得好，這是管理學中的「真金白銀」定律。

遊戲式積分管理體系，為企業激發個體賦能

什麼是遊戲式積分管理？

積分管理效仿了遊戲的思路，以扣分、加分、獎分三種方式對員工綜合貢獻進行全方位量化評價，員工大大小小、點點滴滴的貢獻都會記

---

[01] 薪酬等級的寬波段化與企業組織結構的扁平化趨勢一致，即減少公司薪等（salary rank），但薪距（salary range）範圍增大，且薪級（salary grade）增多，讓員工有廣泛的調薪成長空間。

前言

錄在案。積分越高說明貢獻越大，對員工綜合利益報酬的力度就會越大，打造一套「能者不吃虧」的管理系統，一種讓多勞者得到合理報酬的激勵機制，這正是遊戲式積分管理的不懈追求。可以說，遊戲式積分管理是一套「員工全方位貢獻評價體系」，做得好還是做得不好，奉獻多還是奉獻少，全部用數據說話。

錢管一陣子，積分管一輩子！積分管理之所以被稱為「員工全方位貢獻評價體系」，是基於積分管理的以下性質：

- 既要評價結果貢獻，又要評價過程貢獻；
- 既要評價職責內貢獻，又要評價職責外貢獻；
- 既要評價遵章守紀，又要評價文化價值觀踐行；
- 既要評價管理層承擔責任，又要給予管理層突破口；
- 既要物質激勵，又要精神激勵；
- 既要短期應用，又要中長期結合。

遊戲式積分管理的結果應用

企業在推行積分管理體系時，可能聽到很多基層員工反映說：「這個積分管理確實很好，我們也願意加分，就是不知道多賺積分對我有什麼好處？」員工的這種心聲，實質上就是如何綜合應用積分結果的問題。從激勵的角度來講，積分結果應用的範圍越廣越好，層次越深越好，員工賺積分後得到源源不斷的利益回饋，才能促使員工不斷賺積分。而員工賺積分的過程，實際上就是企業不斷實現管理目標和管理意圖的過程。透過積分指標牽引員工行為，並對行為、結果實施短期、中長期獎勵。

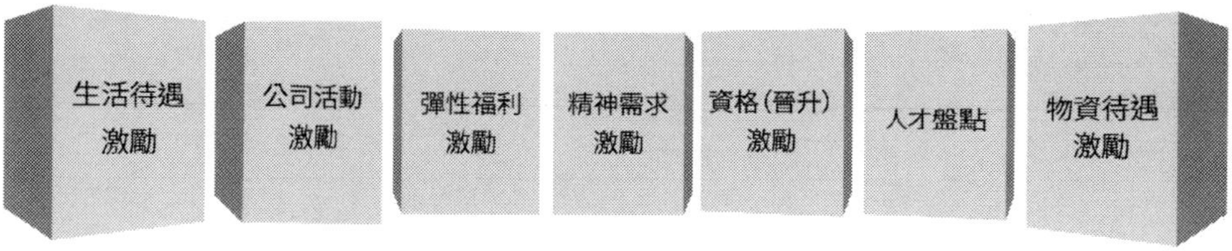

| 生活待遇激勵 | 公司活動激勵 | 彈性福利激勵 | 精神需求激勵 | 資格(晉升)激勵 | 人才盤點 | 物資待遇激勵 |

▲ 圖2　積分管理應用範圍

前言

第一篇　遊戲式積分管理概述篇

第一篇　遊戲式積分管理概述篇

第一章　遊戲式積分管理綜述

第一節　無處不在的積分管理

一、積分管理的起源

積分管理起源於1793年的美國，距今已經有200多年的歷史了。當時的一個雜貨店老闆設計了一種回饋客人的方式，每當顧客到店裡買東西，可根據金額獲得對應數量的銅板，累計一定數量的銅板可換取禮品。

隨著時代的發展與進步，積分又逐漸進入了我們的眼簾，只不過積分最先是在商家對會員的管理中出現的。對我們來說，積分並不陌生，在工作和生活中，無時無刻能夠感受到積分管理的魅力。比如：百貨公司的消費積分、信用卡刷卡積分、航空里程積分、電信營運商積分、社區管理積分等。可以這樣說，積分已經融入各行各業，融入我們工作、生活的各方面。商家之所以如此重視積分營運，主要原因有三點：

◆ 第一，增加客戶黏性

首先，獲取新使用者的成本是維護老使用者成本的幾倍。現在的線上流量越來越貴，拉新[02]成本居高不下，維護老使用者的重要性日益突顯。而透過積分回饋的方式，商家只需透過較低的成本就能達到維護使用者忠誠度的作用。

其次，根據著名的「二八法則」，20%的老客戶可能會貢獻商家80%

---

[02]　透過某種方式吸引新的使用者注意。

第一章　遊戲式積分管理綜述

的利潤。這在零售等行業更為明顯，經常回購的單一老客戶對於商家的貢獻遠超其他使用者，鼓勵老客戶再次消費能夠顯著提升回購率和銷售額。

最後，客戶對商家的貢獻越高，客戶等級越高，那麼商家對客戶的回饋力度越大，客戶對商家的忠誠度就越高，依賴性就越強，商家替換成本就越高。因此，對客戶應用積分管理有其必要性並效果顯著。

◆ 第二，滿足商家的營運需求

不知道讀者有沒有留意到，很多 APP 都會設定簽到領積分，依據 21 天習慣理論，如果一名使用者連續 21 天開啟某個 APP 或使用 APP 的某項功能，那麼，21 天後，使用者會形成使用習慣。APP 簽到這一做法，能夠喚起使用者的行為記憶，透過行為重複形成使用者習慣。當產品缺乏其他營運手段時，積分能夠較好地滿足營運的需求，幫助商家強化使用者使用習慣、增強使用者黏性。

◆ 第三，成本可控

由於積分是由商家所發，積分發放與兌換規則都由商家確定，商家可以根據實際情況進行相應調整。因而，商家在透過積分進行管理時，行銷成本控制權完全掌握在自己手中，積分兌換比例事先也會經過比較精確的測算，可以杜絕預算超支的情況。相對於直接給予現金補貼或進行低價秒殺，積分在成本控制方面有著更加明顯的優勢。此外，商家積分一般都會設定有效期，逾期清零或作廢。這樣做一方面能夠鼓勵使用者及時消費，另一方面也方便商家進行財務管理，不會形成長期負擔。

可見，積分相對於其他營運手段有著天然的優勢。作為一個行之有效的營運手段，在合理使用的情況下，積分能幫助商家達成事半功倍的營運效果。

第一篇　遊戲式積分管理概述篇

● 二、兒童積分管理應用

　　作為家長，我們常常感慨，要想教育孩子養成好的生活習慣、好的讀書習慣，真的太難了。孩子做作業拖拉，效率低；做事情馬虎，簡單的作業總是出錯；注意力不集中，明明是在寫作業，一不注意，他又去玩玩具了，諸如此類的事情數不勝數……

　　這樣的場景，可能對很多家長來說都非常常見。回顧自己小時候，我們恐怕也不一定好很多。其實，這個階段的孩子誰不想玩呢？何況現在外部的誘惑那麼多，接收資訊這麼便捷，要專心學習還真不容易。除了替他創造一個良好的學習環境外，促使孩子養成好習慣也極其重要，而方法無非就是在「威逼利誘」這四個字上做文章。「利誘」是激勵機制，孩子做好了，他可以得到什麼；「威逼」是約束機制，孩子做不好，他將會失去什麼。

表1-1　兒童成長自律表

＿月統計分	第一週統計分：＿　第二週統計分：＿ 第三週統計分：＿　第四週統計分：＿								
項目	準時起床	自己穿衣	自己吃飯	不挑食	上學不遲到	完成作業	不亂發脾氣	……	合計
時間／分數	★★★★	★★	★	★★★	★★	★★★	★★	……	
星期一	★★★★	★★	★	☆☆☆	★★	☆☆☆	☆☆	……	1分
星期二									
星期三									
星期四									
星期五									
星期六									
星期日									

第一章 遊戲式積分管理綜述

備註	項目是指對孩子的要求，可以理解為積分指標，分數代表事項的重要性，表示完成或者沒有完成這個事項，加或者扣多少分數；每一星為1分，實心加分，空心扣分，當日積分＝加分－扣分。

透過這張積分表，家長可以掌握並應用積分模式，對孩子進行有效的管理。所以，我們可以看到，積分管理其實很簡單，用一張簡簡單單的積分表，就可以把這幫「天不怕地不怕的熊孩子」給管理起來了。最後一個很重要的環節就是要把兌現機制設計出來，否則孩子會問：「我賺了這些積分，有什麼用呢？我可以得到我想要的東西嗎？」在制定兌現規則的時候，一定要徵求孩子的意見，詢問孩子想要得到什麼，什麼是他看重的。讓孩子成為規則的參與者，這樣更有利於執行。

在制定兌現機制的時候，以下幾點家長可作為參考執行：

- 獎勵的物品一定要是孩子喜歡的，投其所好，他不喜歡看書，你設定獎品是一本故事書，他就沒什麼興趣，那麼賺積分也就沒有什麼價值和意義；
- 盡量少用金錢作為獎勵，因為孩子的世界觀及價值觀還沒成熟；
- 付出的汗水不同，獎勵的東西也要不同，否則會讓孩子對高付出、低迴報的事情不聞不問，整個積分管理制度的效果將會大打折扣；
- 可以個性化、靈活地設計積分的兌現獎勵規則，比如說某個積分事項很重要，但是孩子不願意做或者經常出差錯，那麼就可以把這個積分事項拿出來和某個專門的獎勵物品連結，也可以把這個積分事項作為獎勵的門檻條件，達到了家長要求的積分標準的額度，就可以用積分去兌換，否則將失去兌換的資格；
- 不同年齡層的孩子，家長對其的希望和要求不一樣，而孩子希望得到的獎勵也不一樣，所以，積分項目和兌換物品也要與時俱進，進行動態調整，切忌生搬硬套；

第一篇　遊戲式積分管理概述篇

- 在積分兌現的時候，一定要舉行一個歡樂、隆重的儀式，除了父母以外，可以邀請爺爺奶奶（不具備條件，可以影片）一起來見證這個莊嚴的時刻。儀式感營造得好，孩子將會記憶深刻。

經常有學員詢問筆者：「老師，我們這個行業，能用積分管理嗎？」「我們公司規模很小，可以用積分管理嗎？」諸如此類的問題數不勝數，這裡不再一一舉例。透過本節，我們介紹了商家會員管理、兒童管理等案例，這些案例無一例外地採用了積分管理模式，其目的就是要告訴各位讀者，積分管理可以適用於任何企業，關鍵是企業如何應用積分管理炒出一盤個性化的菜。企業如何制定一套有效的管理制度能夠反映管理訴求，能夠有效解決現階段出現的管理問題，能夠有效評價員工的價值貢獻度，能夠激勵願意付出的人，真正達到激勵的目的，這才是問題的關鍵。

第二節　企業為什麼要引入積分管理

● 一、遊戲式積分管理的框架體系

1. 什麼是積分管理？

積分管理是指透過扣分、加分、獎分三種打分方式來衡量員工對公司的綜合貢獻的一種管理方式，積分越高，貢獻越大。為員工建立一座行為銀行、貢獻存摺，把物資發放、年終獎金、年終調薪、公司彈性福利、股權激勵、培訓機會、職業發展等與積分結合，對員工的全方位付出進行多點報酬，從而激勵員工的主觀能動性，打造一套「讓能者不吃虧」的管理系統，確保多勞者得到合理報酬，所以積分管理要實現：讓好人不吃虧、讓能人不失望、讓小人不得志，讓想做事的人有機會、能

第一章　遊戲式積分管理綜述

做事的人有平臺、做成事的人有價值。

那麼，積分管理是一種什麼樣的管理體系？經過多年的實踐經驗，我們認為積分管理是一種全績效評價管理系統，是對員工從績效結果、工作過程、日常行為等全方位、立體化的付出進行量化評價。員工激勵，只有做到評價得好，才能分配得好，只有分配得好，才能有效激發個體，才能確保個體績效、團隊績效、組織績效目標的達成。任何沒有標準的獎勵或者沒有建立有效評價模式的獎勵，都是在製造混亂、製造不滿、消耗和浪費企業的資源，根本達不到激勵的目的！所以，賞罰分明是一個組織進步的重要前提。

2. 積分管理體系設計

積分管理模式是要解決如何激勵員工為企業創造價值的問題，落腳點是積分方式，根本點還是要引導員工能夠為企業持續創造價值貢獻，企業能夠看到每一分價值貢獻，從而認可每一分價值貢獻。所以到底哪些內容可以作為積分項目，每個項目做得好如何加分，做得不好如何扣分，這是積分管理首先要解決的問題，即企業要根據發展階段和管理成熟度，搭建員工的加分平臺，引導和鼓勵員工賺「企業想要結果」的分。

筆者曾經與一些老闆學員溝通，他們以前在企業推行過積分管理，前一兩年員工積極性還很高，大家都願意去賺積分，但是老闆們總感覺哪裡不對勁，員工的狀態是有了，但真正想要的結果、想要改善的事項反而沒有太多人願意去做，真正為公司做出貢獻的員工有時積分反而不高，優秀員工逐漸失去了原有的積極性，公司的積分管理不得不停擺，沒法再執行下去。

其實造成這種情況的最核心原因是積分制管理體系設計有問題，可能在積分標準制定、積分推行方式及積分結果應用等方面都存在一些問

第一篇　遊戲式積分管理概述篇

題,但是首要問題一定是積分標準制定的問題。積分管理到底由哪些類型組成?各自扮演什麼角色?發揮什麼價值呢?

我們先向大家簡要介紹一下我們研發的兩個模式,一個是積分管理架構,一個是積分管理紅黃綠燈模型。讓您了解我們是如何做到既全面覆蓋,又重點突出,既讓員工快樂加分,又能解決企業業務和管理難題的。

3. 積分管理架構

我們這套積分管理架構是全績效評價體系,與其他積分體系相比,有「五更」特點。

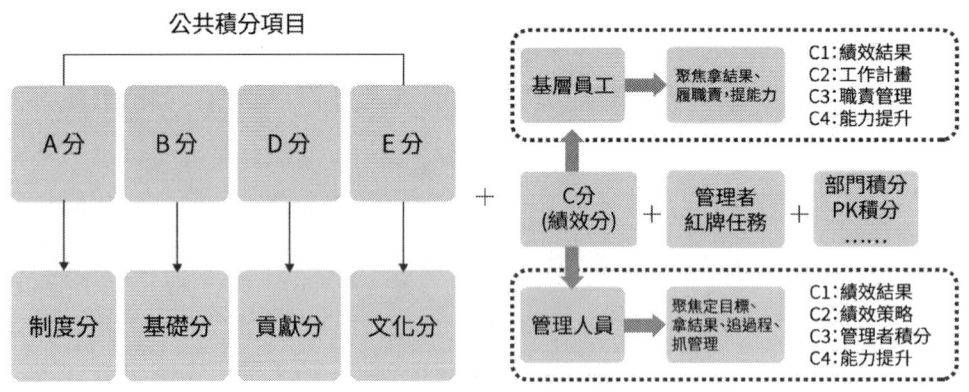

▲ 圖 1-1　積分管理架構

◆ 更全面

我們這套積分管理架構不僅包含遵章守紀(A 分)、基礎能力(B 分)、額外貢獻(D 分)、文化踐行(E 分)四類公共積分,還包括一人一表績效 C 分(從績效結果的 C1 分到績效過程的 C2 分、從基層員工職責履行及管理人員通用要求的 C3 分到能力提升的 C4 分),以及部門積分

第一章　遊戲式積分管理綜述

（K 分）、PK 積分、管理者紅黃牌、任務積分等不同場景下的個性化積分項目，能夠看見員工的每一分努力，認可員工的每一分貢獻，全面涵蓋員工在企業裡的綜合價值貢獻，比單純以 KPI 績效考核更能反映員工在企業的真實表現，與其他積分模式（如 A、B 分）相比也更全面。

◆ **更有效**

相對於市場上其他積分體系將很多積分內容糅雜在一個模組裡，我們的模式積分內容更加清晰化、模組化，更加貼合企業經營管理需要，更能解決企業業務管理和員工管理難題，企業的中高層幹部和員工更容易理解，企業也可以根據實際需求解決的問題，分步驟激發對應模組，逐步建立和完善積分管理體系。

◆ **更高效**

積分模組分類清晰，所以針對不同的積分模組，可以統計出對應的積分額度、積分排名，想要哪一類積分資料都可以隨時調取，透過資料分析判斷積分導向是否符合企業現階段的經營管理要求，這樣就可以更高效地調整積分標準。

◆ **更形象**

積分評價無論是採用紅黃綠燈評價模型還是分級評價模式，都要立體直觀，一目了然，強調企業倡導的行為和堅決杜絕的行為，讓員工知道該做什麼，不該做什麼，宣導和傳播更容易。另外，積分標準清晰也更容易評價，管理者可以快速完成評價，更加公平公正。

◆ **更靈活**

在應用積分結果時，可以根據不同的積分模組進行排名應用，既可以單獨應用，針對這些不同模組設定不同的榮譽名稱，進行榮譽激勵，

第一篇　遊戲式積分管理概述篇

也可以組合應用，將積分模組組合起來，根據企業當下想要強調、想要引導的方向即可實現靈活組合。

下面詳細介紹一下我們的積分管理框架中每個模組的含義和內容：

在積分管理架構裡，A分、B分、D分、E分屬於公共積分的範疇，公共積分對企業所有主體均有相同的約束力。也就是說，公共積分項目、積分指標和積分標準，對管理對象而言，扣分、加分、獎分的規則都是一樣的。

- A分：制度分。企業層面對所有員工統一的制度要求，如考勤制度、會議制度等，要求所有員工必須遵守和執行，透過對制度執行情況進行積分評價，提升公司執行力。
- B分：基礎分。作為對企業員工基礎任職能力的獎勵，包括對學歷、年資、特殊技能、特殊職位等的積分獎勵。
- D分：貢獻分。強化員工做出的額外貢獻，對員工做的好人好事進行積分獎勵，鼓勵員工的正向行為。
- E分：文化分。對員工在價值觀踐行方面進行積分評價，員工有企業倡導的行為時給予加分獎勵，有企業嚴令禁止的行為時給予扣分處罰。

針對管理層和基層員工，C分採取了分層分類的操作方式，也就是一人一表。因為企業對管理層和基層員工的定位、要求是不一樣的。對基層員工而言，企業的期望就是拿結果，工作過程少出差錯或者不出差錯，提高工作能力，所以對基層員工的績效管理要簡單、清晰、明瞭，不能過於複雜。

企業對管理層的要求首先是要積糧，也就是把結果放在第一位。火車跑得快，全靠車頭帶，部門能不能有一個好的年終收成，管理者是關

第一章 遊戲式積分管理綜述

鍵。因此，不僅僅要重視結果績效，更要關注達成結果的過程管控。績效管理要符合農事規律，要想年終有一個好的收益，翻土、播種、澆水、施肥是少不了的工作過程，這些工作做不好，期望年終有一個好的收益，那只能靠天吃飯。

表 1-2　績效分 C3：基層員工與管理層的區別

C 分類型	管控類型	內容	基層	管理層
C1	結果管控	相同	績效結果積分	績效結果積分
C2	過程管控	不同	月／週工作計劃積分	KPI 指標達成策略積分
C3			職位職責履行積分	管理人員通用項目積分
C4	能力管控	相同	能力提升	能力提升

◆ **管理者獎扣分任務**

管理人員要大膽對下屬實施管理，杜絕做老好人。管理層有責任、有義務幫助員工成長，幫助員工提高工作技能，幫助員工提升賺錢的能力。管理人員不願意扣分，是一種老好人的表現。慈不帶兵、義不養財，主管不狠、員工不強，所以我們提出「管理是嚴肅的愛」。管理人員對下屬進行嚴格管理的同時，也要時時關心自己的部下，去發現他們表現好的地方，隨時以獎勵（加分）的形式給予肯定，發現不好的地方，隨時以批評（扣分）的方式指出，立即傳遞管理的訊號，什麼該做，什麼不該做。透過加分及扣分方式，使得員工能夠更好地完成本職工作，這樣部門業績指標的完成就有了保障。同時，加分及扣分的應用與實施，能夠極大地強化管理者的責任意識，提升下屬的工作能力，並增加整個積分體系的靈活性。

◆ **部門積分**

每個部門的管理者在管理下屬的時候，管理思路、管理方式不同，應用部門積分管控表就給了部門負責人一個管理工具和突破口。各級管

 **第一篇　遊戲式積分管理概述篇**

理者可以透過部門積分管控表進行有效管理，而且根據部門負責人制定的部門積分管控表，也可以發現具有高潛能的人才，這一切都是可以透過部門積分管控表實現的。而傳統管理模式中，管理者只能透過 KPI 指標的設定達到落實管理意圖的目的，但 KPI 指標的設定數量只能少而精，過多的指標只會消耗指標的權重資源，最終淪落為「看菜吃飯」。員工只會揀那些簡單、好做的指標來完成，難度大、有價值的指標，做不做無所謂，做得好與不好無所謂，因為指標權重資源被稀釋後，完成的好壞對員工影響不大。很多人不明白其中的道理，只要是讓人頭痛的事情就想透過增加指標數量來解決，導致「績效是個筐，什麼都往裡裝」，最終「偷雞不成蝕把米」。

◆ **PK 積分**

營造你追我趕的工作氛圍，鼓勵員工、團隊之間 PK，對獲勝方進行加分獎勵。

◆ **任務積分**

對於企業（部門）懸而未解之事或臨時工作任務可以發起搶分、指定任務，調動大家工作的積極性，讓做得多的人賺的積分越多，積分越多利益回饋越多。

◆ **對賭積分**

企業與員工對賭，員工完成對應的目標和任務後，員工獲得積分，沒有完成，以扣分作為懲罰。

PK 積分、任務積分、對賭積分這三種積分類型，既達到了員工多元化賺積分的目的，又增加了遊戲化、娛樂化的色彩，員工在「玩」的過程中完成了任務，賺到了積分，這三種積分類型將在本書的後續章節予以介紹。

根據積分管理架構的導向性，企業可以對每類積分的標準（額度）

第一章　遊戲式積分管理綜述

進行設計，以保證積分管理架構達到預期效果，在實施過程中，不斷對A、B、C、D、E等積分項目標準加以調整和完善，以發揮積分導向性。如果積分管理架構初次匯入企業，也可以對積分模組賦予權重，作為積分項目和標準設計的依據，以確保積分管理的導向性。如果是積分高手，這些都是表面的方式方法，核心是確保積分導向性，真正發揮積分管理架構的作用。

4. 積分管理紅黃綠燈模型

一個風雨交加的晚上，我們在客戶公司完成專案交付後在開車回家的路上，無意中闖了一次紅燈，當時我存在僥倖心理，想著這麼晚了應該沒事。結果第二天，我就收到了簡訊通知，告訴我在何時何地因開車闖紅燈被記3點，罰款3,000元。自此之後，我再也沒有闖過紅燈了。

根據交通紅綠燈管理模式及處罰規則，只要紅燈一亮就要停車等候，否則扣分＋罰款；黃燈亮起就不能再前行；只有綠燈亮起，我們才可以繼續前進。紅燈時時刻刻提醒我們不能闖，否則後果嚴重，對人們的警示和威懾作用是非常大的，發揮了非常好的宣傳教育作用。另外，交通管理標準清晰，記多少點、罰多少錢，都有標準，不會引起矛盾，收到簡訊，辦理手續就好。

在企業積分管理模式實施過程中，我們依據交通號誌燈的原理，開發了積分管理的紅黃綠燈模型。紅燈、黃燈、綠燈三種顏色，展現了三種績效狀況。工作做得不好，產生了不良結果就落到了紅區，紅區就是雷區，不能觸碰，否則就啟動了扣分機制；黃區意味著工作的實際完成狀況符合要求，屬於合格標準，這時候就實施加分；工作的結果落在了綠區，就說明工作完成得很好，有了進步並超越了合格標準，這時候就得到了獎分。透過扣分、加分和獎分，就把員工的貢獻差距拉開了。

第一篇　遊戲式積分管理概述篇

表 1-3　積分管理的紅黃綠燈模型

積分類型			價值點	紅區 扣分	黃區 加分	綠區 獎分
公共積分	A 分	制度分	遵章守紀			
	B 分	基礎分	人才盤點			
	D 分	貢獻分	做好人、做好事			
	E 分	文化分	文化踐行			
個人績效	C 分	績效分	價值貢獻			
部門積分			部門管理者抓手			
管理者獎扣分任務			強化責任意識、增加體系靈活性			

下面從對孩子的積分管理範例幫助大家感受和理解紅黃綠燈模型。

表 1-4　紅黃綠燈模型

積分項目	基礎分值	紅區	黃區	綠區
作業完成及時性	10 分	沒有準時完成 扣 10 分	按要求準時完成 加 10 分	提前完成獎 20 分
作業完成品質	15 分	錯誤率較高 扣 15 分	錯誤率較低 加 15 分	沒有錯誤獎 30 分
吃飯	10 分	偏食、超重 扣 10 分	定量、按時吃飯 加 10 分	吃完飯幫忙收拾餐具 獎 20 分
運動	5 分	當天沒有運動 扣 5 分	每天跳繩 加 5 分	跑步 2,500 公尺 游泳 1,000 公尺 獎 10 分

　　紅黃綠燈模型清晰簡單、直觀有效，做什麼事能加分，做什麼事會扣分，都是明確的，管理者評價起來也非常容易，對所有員工來說標準統一，所以公平公正。

第一章 遊戲式積分管理綜述

● 二、積分管理對企業、對員工的價值

1. 對企業的價值

合作的本質是價值交換,只有評價得清楚,才能分得明白,合作才能愉快、長久。遊戲式積分管理首先解決的是員工全績效評價,這一管理體系還展現了以正向激勵為主、負向激勵為輔的特性,融合人們對認可、按讚、炫耀等精神激勵的需求並展現即時激勵,能夠在多領域加以應用。正是因為積分管理有了這些其他管理模式所不具備的價值點,才走進了企業並呈現燎原之勢,被很多企業採納和認可。

據不完全統計,目前已經有數十萬家企業和單位在運用積分管理方法。人們不禁要問:這種看似簡單的管理方法,為什麼能夠解決長期困擾企業的「管人」難題,極大地激發員工的職業熱忱?為什麼能迅速被各種不同的企業和部門認可並引進使用?一個應用於企業的管理方法,為什麼還能受到行政機關的廣泛歡迎呢?我們來看看積分管理對企業有哪些價值:

(1) 促使員工遵章守紀

員工每一次違規,扣薪水會讓員工不高興,不扣薪水將使各項制度形同虛設。現在有了積分管理這個工具,將過去的扣薪資變為扣分,扣分比扣薪資更人性,員工接受的程度大大增加。透過扣分、加分、獎分即時向員工傳遞管理訊號,告知其什麼該做,什麼不該做。員工加分賺得少,扣分扣得又多,企業設計的利益包就會離他越來越遠。但人在利益面前是抵擋不住誘惑的,因此,即便是為了個人的利益考慮,也會減少違規次數,進行提高各項制度的可執行性。

 第一篇　遊戲式積分管理概述篇

(2) 加強管理人員的管理意識

　　對管理幹部進行授權，強化管理幹部的責任意識、管理意識。用積分解決管理幹部不作為的問題，一方面降低了管理成本；另一方面，也迫使各級管理幹部發現員工的閃光點，隨時給予加分獎勵，並透過隨時發現問題，解決問題，將問題消滅在萌芽狀態，防止引發連鎖反應產生更大的問題。

(3) 解決分配中的「齊頭式平等」

　　利益分配的「齊頭式平等」是企業的一大毒瘤，各種福利平均分配，雖然皆大歡喜，但發揮不了真正的激勵作用。實行積分管理以後，員工的積分排名清清楚楚，展現了員工的價值貢獻度，一切皆在陽光下操作，員工感受到相對公平與公正。在這樣的規則下，各種福利將向高分人群傾斜。過去的一些企業，老闆暗地裡發一個獎金紅包，還要叮囑一定不能讓別人知道，但可能今天發的紅包，第二天所有人就都知道了紅包的數額。不比不知道，一比嚇一跳，拿到紅包時心裡還很高興，但是一打聽到別人的紅包數額，猶如晴天霹靂，心情頓時跌落到冰點，到處找人訴說委屈。老闆不發紅包被人罵，發了紅包被罵得更慘，解決的辦法只有一個──砸鐵飯碗、鐵薪資、鐵交椅。

(4) 有利於留住人才

　　企業留不住人才，是因為沒有留住人才的籌碼，籌碼的背後是利益，利益的背後是機制，機制的背後是員工價值貢獻的評價體系。有了積分管理，就有了價值貢獻評價的方法。員工的積分越高，得到的好處就會越多，積分越高的人就越不願意離開公司，因為離職的成本會加大。所以，積分管理有助於解決核心人才、骨幹人才流失的老大難問題。

第一章　遊戲式積分管理綜述

(5) 提升員工對事業願景的認同度

在筆者的課堂上發生過一件有意思的事情，在談到企業文化的時候，筆者問大家：「企業文化重要不重要？」很多人不假思索地回答說：「重要，很重要，非常重要。」既然大家都這麼說，那就現場做測試，筆者請不同的學員回答其所在企業的使命、願景及價值觀。結果出現了一個啼笑皆非的現象，很多人吞吞吐吐、勉勉強強地說出一兩句企業文化，幾乎沒有一個人很流暢、一氣呵成地說出完整的企業文化，而在座的學員中，不乏企業經營者和 HR 總監、經理。

我們用扣分、加分、獎分的方式，引導員工踐行企業文化價值觀，並促使好的員工行為和習慣得以保持，健康的企業文化就會快速形成。

(6) 有利於節省成本

積分只是一項數字，計算簡單，直觀，且積分和排名（可以有總積分排名、管理序列排名、管理層級排名、單項積分排名、捆綁式積分排名）做結合，待遇向高分人群傾斜，企業始終把錢花在刀口上，激勵總量不變，個體激勵力度在發生變化，在節省了大量激勵成本的同時，激勵的效果會更好。

(7) 工作分類管理

重要的工作用 KPI 考核加以解決，那麼次要的工作以及輕鬆的工作怎麼辦？但凡令人頭痛的工作都要用考核的思路加以解決，那麼考核指標數量就會不斷增加，指標權重資源會被稀釋，最終導致員工看菜下飯，專挑容易做的指標去完成，而有價值或者難度大的工作完成得不好也無所謂，因為對其利益影響不大。而我們用主基二元法[03]的考核模

---

[03]　該法則就是將績效考核設計成兩部分，第一部分是「主要績效」，要求個人、部門甚至企業不斷進步，做得越好，績效分越高，它重點評估員工和團隊的管理效果和創造價值增值的能力，因為它是判別優秀員工與價值分配的重要依據；第二部分是「基礎績效」，要求在一個範

 第一篇　遊戲式積分管理概述篇

型，就完美地解決了這個難題。重要的工作用 KPI 管理，其他工作用積分管理解決。

(8) 利益回饋有標準

企業管理的本質，就是對人的管理。我們經常講，企業管理就是「人＋事」兩條線，人搞不定，事就辦不成。而「人」這條線就是把個體激發，而「事」這條線就是要把工作做得符合標準，甚至超越標準。而要激發個體，就要把個體的貢獻度辨識出來，評價出來。只有評價得好，才能分配得好，而只有分配得好，才能真正激發個體，促進團隊績效提升，進而提升組織績效。激勵的本質就是要建立一套有效的價值評價體系，讓員工價值＝價格，最終誰創造價值，誰分配利益；誰創造主要價值，誰分配主要利益；誰創造次要價值，誰分配次要利益，真正形成貢獻差距＝利益差距，公平地實現不平等的最大化。

(9) 其他價值

- 不需要修改規章制度或改變現有的流程，只需要把執行不好的事項變成積分指標並設定標準，透過扣分、加分、獎分進入考核執行。
- 無論規模大或小都可以使用。積分管理這一方法不受企業規模大小的限制，兩個人以上的企業都可以透過積分排出名次，幾千人、上萬人的企業也可以透過各類排名方式，衡量員工的價值貢獻度並和利益回饋結合。
- 不受行業、發展階段的影響。管理的理念和管理模式的架構都是相通的，如企業實施 KPI 考核，KPI 的原理也是一樣的，都是展現「二八原則」，都是抓重點、抓關鍵。但每個企業、每個部門、每個

圍之中，這些方面的表現、成果，落在這個範圍之內，即不加分也不扣分，落在這個範圍之外，就要加分扣分了。

第一章 遊戲式積分管理綜述

職位的 KPI 指標又是不同的，因為管理的要求不同，KPI 指標也會發生變化。關鍵是將企業自身遇到的問題以及管理的訴求展現到指標的設定上，這樣才能真正做到個性化的考核，積分管理類型和積分指標的設定，也是同樣的道理。

- 容易實施。遊戲式積分管理方法原理簡單，既好理解，又容易操作，企業實施積分管理，剛開始推行的時候，或多或少都會有好的結果。問題的關鍵是，如何持續性保持這種結果？如何將積分管理融入業務，融入管理的各方面？積分類型和積分指標如何展現管理的導向性？這才是需要深度思考的問題！

2. 對員工的價值

(1) 評價全面

績效考核可以解決關鍵 KPI 指標考核的問題，但無法解決引導員工做好人、做好事的問題，無法解決過程管控的問題，無法解決員工的額外貢獻如何回饋的問題……這些無法列入績效考核，但是每個企業又希望員工積極主動地去做，而使用積分進行管理就可以非常完美地解決這些問題。

(2) 賞罰公正

積分管理的原則是：不遺漏員工點點滴滴的貢獻，員工所有的貢獻都會記錄在案，隨時隨地可以看到，並且其他員工的各類積分也都會公開展示，一切流程在陽光下操作，公開透明，是功是過看得見。

(3) 即時激勵

從激勵學說的時效性角度來講，激勵時間拖得越久，激勵效果越會呈現出幾何級的衰減效應，激勵一定要建立「獎懲不過夜」、「黑白十分

第一篇　遊戲式積分管理概述篇

明」的制度。不及時的獎勵就是懲罰，不及時的懲罰就是獎勵，能夠今天激勵的，就不要拖到下一個月，能夠今年激勵的，就不要拖到明年。

第三節　KPI 與積分管理──都是員工價值評價的工具，有什麼區別

◆ 一、KPI 與積分管理的差異

很多時候有人會問筆者：「老師，我們企業應用了積分管理，是不是就可以不要 KPI 考核了？」要回答這個問題，就要了解 KPI 考核和積分全績效評價體系到底有什麼不同，下面從評價範圍、管理難度、激勵效果、管理氛圍、激勵成本五個方面來逐一區別對比。

1. 評價範圍

◆ KPI 考核

以策略為導向，以職責為基礎，以主管為要求，以改善缺點為重點，從不同維度選擇相應的 KPI 指標進行評價，強調結果，淡化過程。因其展現「二八原則」，考核指標數量有限，無法囊括所有的工作，而這些次要的、基礎性的工作如果不抓起來，也會對最終的 KPI 指標的達成有影響，容易形成管理的真空地帶。

◆ 積分管理

這是一個 360 度管理工具，積分管理和我們耳熟能詳的傳統 360 度考核並不相同。傳統 360 度考核是直屬上級＋周邊同事為考核者，其考核理念是對員工的工作績效有一個綜合性、全面性的評價，但因其考核體系設計複雜並難以真正執行，最終實施的結果並不理想，評價的不是

人的工作業績，而是人際關係。

而遊戲式積分管理透過公共積分 A、B、D、E 分＋績效 C 分＋部門積分＋管理者任務積分＋對賭積分＋任務積分＋PK 積分＋……將員工的工作結果、工作過程、工作行為等全部包含進來，並實施量化評價，真正做到了全方位地「對事評價，對人評價」。

2. 管理難度

◆ KPI 考核

一提起 KPI 考核，員工的第一想法就是「定指標、打分數、扣薪水，做得越多，錯得越多、扣得越多，典型的鞭打快牛」，員工心理牴觸情緒嚴重，導致上有政策下有對策，在企業推行的難度較大。

◆ 積分管理

以正激勵為主並結合負向激勵，員工接受程度高，管理對象積極主動賺積分，不但可以獲得精神激勵，還可以與二次分配結合，為企業的中長期激勵建立評價標準。

3. 激勵效果

◆ KPI 考核

注重短期激勵，考核結果主要和月度（季度）績效獎金、年終獎金結合，評價結果往往無法反映被考核人的真實貢獻。

◆ 積分管理

以正向激勵為主，激勵效果顯著，時間越長，激勵效果越顯著，積分永久使用，不清零，不作廢，只要不離開企業，積分永遠有效，時間越長，激勵效果越大。

第一篇　遊戲式積分管理概述篇

4. 管理氛圍

◆ **KPI 考核**

在實施考核時，員工情緒比較緊張，管理氛圍欠佳。

◆ **積分管理**

在開心、愉快、歡樂的氛圍中落實積分管理，員工參與程度較高。

5. 激勵成本

◆ **KPI 考核**

考核結果直接跟薪資連繫，激勵成本較高。

◆ **積分管理**

積分結果的應用和排名連繫，好鋼用在刀口上，激勵成本較低。

對比 KPI 管理和積分管理後發現，兩種不同的管理工具，兩種不同的管理思想，兩種不同的管理原則，價值貢獻點和解決的問題導向並不相同。所以，KPI 管理和積分管理不是誰取代誰的問題，而是相互融合，相互依存，發揮各自的價值和功能，這樣才能真正科學、合理、公平、全面地評價員工的價值貢獻。

● 二、積分管理的優缺點

積分管理的優點我們已經講了很多，這裡不再贅述。現在我們理性地分析一下，這一管理工具，到底有沒有瑕疵，是不是真的完美無瑕？

常言道：「金無足赤，人無完人。」所謂完美，只是你還沒發現它的瑕疵在哪裡罷了，真正意義上的完美無瑕是不存在的，也不可能存在。從這個角度來講，每一種管理模式、每一種管理工具都有其存在的天然

缺陷和瑕疵，那麼積分這個管理工具，它的缺點和瑕疵是什麼呢？

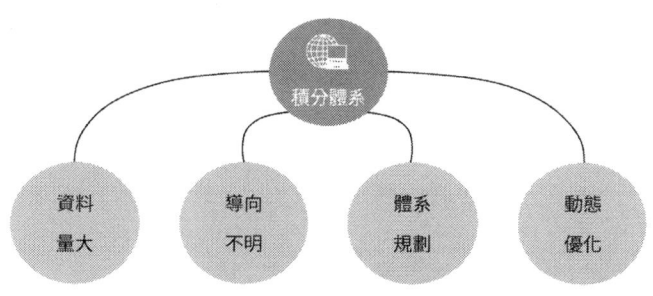

▲　圖 1-2　積分管理的缺點

因篇幅所限，我們就談談積分管理最大的一個缺點──資料管理。眾所周知，積分管理是員工全績效評價體系，是 360 度全方位量化評價員工的價值貢獻。你說一個員工表現優秀或者一個員工能力不行，你得有事實依據，這個事實依據就是資料。積分管理的資料是什麼？是證據！就像我們打官司，如果要贏得官司的勝利，你要有充足的、完整的證據鏈條來證明你的主張，你才有可能打贏這場官司。同樣的道理，我們實行按勞取酬、價值分配，也要把員工的價值貢獻度給辨識出來，評價出來，這裡就會涉及大量的資料，而積分管理基於 360 度的評價，就要從不同的維度採集資料、驗證資料、管理資料，沒有資料支撐的評價體系，其評價結果根本得不到員工的認同，在這樣的狀況下，我們如何將積分和員工的利益結合？連結的範圍越廣，對組織和個體的傷害就越大。如果不解決這個問題，那積分管理的實施只會停留在表層，無法和業務需求有效結合，不能和管理需求有效結合，最終實施的結果就是：無法激發個體，無法激發組織，無法使企業的經營指標發生變化，積分管理生命週期會很短，甚至淪落為曇花一現。

如何解決這個問題呢？

第一篇　遊戲式積分管理概述篇

　　要解決積分管理這一棘手問題，我們就要藉助 IT 工具，解決資料採集、資料管理問題。為此，我們開發了一款好玩、好用、有效、溫暖的行動管理 APP 軟體，該款軟體已經在上市公司、集團公司、中小微企業等數千家企業得到廣泛的應用，取得了斐然的成績。我們將在本書相應的章節做詳細的介紹和說明。

第二篇　積分制實施方案設計篇

第二篇　積分制實施方案設計篇

第二章　公共積分 (A、B、D、E分) 方案設計

第一節　A分 —— 制度分如何設計

● 一、問題思考：什麼樣的基層員工是優秀員工

筆者偶然間在網路上看到一篇題為〈優秀員工孫悟空年度頒獎詞〉的文章，內容如下：

該員工於貞觀八年八月入職，貞觀九年六月升任唐僧西天取經前衛官職務，從一隻自己都不知道從哪兒蹦出來的死猴子上升為一名斬妖除魔的仙界派遣基層管理人員，別人可能要用幾年時間，但他沒用一年。

他一直被認為是唐僧取經團隊最優秀的員工，他是佛祖如來、觀音大士自內部提拔而出的仙界基層骨幹中具有鮮明個性特色的員工代表。他愛憎分明，敢作敢當，武藝高強，法術深不可測，對本職工作兢兢業業。他給人的第一印象，永遠是一種狂野天然之美，他具有強烈工作責任感的工作態度始終都在感染著取經團隊戰鬥一線的每一個人。他能做挑擔牽馬的工作，他也能打最強最醜的妖怪，他能為師傅著想，他也能站在沙僧、豬八戒、白龍馬的立場來思考問題。

他從最初的美猴王齊天大聖到西天取經的大師兄，再到鬥戰勝佛和至尊寶，他做到了做一行愛一行專一行的工作境界。他熱愛他所有的職位，在任何職位上他都能以積極負責、樂觀陽光的態度來面對。他是所有妖變仙的妖們的表率，他熱愛仙界，貞觀二十年天庭宮殿重新裝修時，他會想到用用剩的角天石對宮殿牆角進行加固，以防止巨靈神與孝

第二章　公共積分（A、B、D、E分）方案設計

天犬有可能碰撞導致的牆角剝裂；他能熟悉操作天庭幾乎所有機關設備，從雷公的斧頭到風婆的風袋，從李天王的寶塔到哪吒的風火輪，他無不得心應手，「十八般武藝樣樣精通」的傳奇被他在天庭這個小小的天地裡輕鬆、完美地詮釋。

貞觀十年，隨著西天取經之路的日益艱苦，除妖任務逐月加重，他和他的師弟們扛住了前所未有的壓力，有品質地完成了除妖任務，全年打死各種妖怪56隻，打傷527隻，比貞觀九年多打死12隻，多打傷212隻，產量同比成長35%，無一次重大工傷事故。無可否認，這是一份讓人滿意的成績單。他以他的工作方式帶領他的團隊交出了一份滿分的答卷，他無愧於仙界派遣員的榜樣，他帶領他的團隊用實際行動展現了仙界群英在貞觀十年的工作精神風貌。如果說在這浩瀚的仙界裡，仙界派遣員是天庭的根基，他和他的師弟們無疑是這片根基裡最堅固最華美的一處地段。他把自己的工作當成一種神聖的使命，即便是最普通的一個職位，也能夠以最高的標準，展現自己的神仙價值，讓青春無怨無悔，讓修仙之旅綻放光芒！這是孫悟空帶給我們所有人的人生感悟。

貞觀十年，天庭選擇他，是因為他汗流浹背的身影與憨厚的微笑，是天庭所有除妖一線員工的普遍縮影，與仙界及天庭的命運息息相關。貞觀十年，天庭選擇他，是因為他忙碌的步伐與進取之心，與此時剛剛完成天帝七百歲壽宴活動的蓬勃天庭，竟如此相互呼應，相依相承。

大家都知道孫悟空剛開始不聽師傅的教誨，在師傅眼中是叛逆的、不遵紀守法的。觀音菩薩為了幫助唐僧管理孫悟空，特意傳授唐僧「緊箍咒」，當孫悟空不聽教誨的時候，唐僧就會使用「緊箍咒」進行管理，直到孫悟空乖乖聽話。我們都認為孫悟空是優秀的員工，但是如此優秀的員工也需要「緊箍咒」（制度和規則）進行管理。在其成長和蛻變的過程中，孫悟空能夠自覺遵守制度和規則後，「緊箍咒」自然就消失了，因為他所有的行為已經符合要求了，「緊箍咒」對其已經沒有作用了。

在現實的企業管理中，管理者肯定最喜歡既有能力又能夠遵章守紀

的員工，在優秀員工評選中也會優先選擇這類員工。即使員工再有能力，如果不遵守公司規章制度，無疑能力越大，風險越大。就像孫悟空一樣，我們需要對員工施展「緊箍咒」，在員工違反規章制度時，給予一定的處罰，對把規章制度執行到位的員工進行獎勵，引導員工自覺遵守規章制度。

二、罰款制度對「八年級」、「九年級」還有效果嗎

很多「八年級」、「九年級」能力出眾，但他們往往很有個性，不大遵守企業的規章制度。企業放任員工的這類行為容易被其他員工效仿，強制管理又缺乏有效的方法，很多企業用各種名目的罰款（如樂捐）來處罰這類違反制度的行為。但這些處罰手段似乎沒有達到預期的效果，管理者非常頭痛，卻又束手無策。

罰款制度讓筆者想起來讀書的時候，很多同學早上時不時遲到，班導師就用罰款來約束學生遲到，遲到一次罰幾塊錢，那時的幾塊錢對於我們來說，已經是大部分家庭的可支配收入了，但大家並沒有因為罰款而減少遲到，後來班導師也就不用這個方法了。

這說明罰款治標不治本，出現問題後，沒有從根本上去解決問題，越治越達不到預期效果。從心理上講，罰款的出現讓員工做錯事情後不會有絲毫慚愧，因為可以透過罰款為自己的錯誤買單。如果沒有罰款，員工做錯事之後可能還會感到慚愧，良心會有不安，而員工被罰款後，已經用自己的收入去彌補錯誤，就讓員工覺得自己錯得理所當然。因為有罰款為錯誤買單，錯誤就不會被杜絕。從另一方面講，罰款會讓員工感到排斥，認為罰款就是為了剋扣員工薪資，從而導致員工對工作失去熱情，不利於調動員工的工作積極性。綜合上述，罰款並不能帶來員工對於制度的敬畏和高效執行。

第二章　公共積分（A、B、D、E分）方案設計

　　還有一種情況也是很難用錢解決的。由於工作進度緊急需要員工節假日加班，那如何讓員工自願加班呢？很多企業老闆為了讓員工加班，只能多給加班費或者增加加班補貼，這也無形增加了企業成本，無法從根源上解決問題。如果不給加班費或補貼，員工就會怨聲載道，說公司這不好，那不好。從員工角度來說，的確是沒有得到利益的回饋，那員工為什麼要自願加班呢？

　　一位研發部經理曾經跟我們講了這樣一個故事。一次週末，有一位客戶回饋了一個專案問題，需要立刻解決，由於客戶催得很急，研發部經理就打電話召集幾個相關的軟體工程師回公司加班，其中有一位軟體工程師正在跟朋友聚會。研發部經理在電話中說：「兄弟，你能不能現在趕回公司加班？×××客戶的那個專案出了一點問題，要求我們週末就得處理完，這樣才不會影響客戶週一正常使用，客戶第一嘛，我們還是辛苦下。我跟老闆申請了，老闆會發補貼給你們。」那位同事說：「哥，這不是加班費的事，我已經在跟朋友玩了，這樣中途離開不大好。」這時研發部經理在電話中聽到了他朋友的聲音：「要什麼加班費啊，週末有什麼好加班的，兄弟們好不容易聚下，你不能走啊，你的加班費我給你了。」最後，這個研發部經理還是放棄了讓這位軟體工程師回來加班的想法。

　　這種發錢獎勵加班的方式也沒法讓員工主動付出了，我們還有什麼手段可以用呢？很多管理者非常苦惱。其實，這種情況主要是加班費可能不是員工現在想要的，激勵的手段出現問題，很難讓員工自覺、主動地做公司及管理者想要他們做的事情，只有讓員工透過這件事獲得自己想要的結果才可以讓他們主動付出。

041

三、「八年級」、「九年級」畫畫素描及需求探索

人力資源從業者經常在圈內笑談不同年齡層的離職原因：

「五年級」：什麼是離職？

「六年級」：為什麼要離職？

「七年級」：收入更高我就離職。

「八年級」：老闆罵我我就離職。

「八年級後段班」：感覺不爽就離職。

「九年級」：主管機車就離職。

「世界那麼大，我想去看看」，「八年級」、「九年級」的辭職理由千千萬萬，一些員工是給多少錢做多少事，有的甚至給錢也不做事，不做事還惹事，現在的「八年級」、「九年級」員工到底怎麼了？

2016年，某企業釋出了一份「八年級職場肖像」報告，根據該企業的統計發現：與「六年級」、「七年級」找工作求穩定、謀高薪不同，「八年級」普遍認為工作不只是滿足生計這麼簡單，能夠滿足興趣、實現人生意義更重要。調查顯示，62%的「八年級」受訪者把興趣視為選擇工作的第一標準，而將薪資待遇放在第一位的「八年級」受訪者僅占38%。

有81%的「八年級」受訪者希望能在忙碌充實的環境中獲得發展。但需要注意的是，大部分「八年級」受訪者雖然不懼加班，甘於打拚，但無法接受「老闆不走不能下班」這種傳統理由。

「八年級」選擇企業雇主標準的調查結果顯示，「對員工的尊重」超越了「完善的福利待遇」和「有競爭力的薪酬」，成為「八年級」眼中用人單位最重要的競爭力。另有73%的受訪者明確表示，「開放自由」的企業文化是最受歡迎的。

該企業公關部總監表示，「八年級」求職者的三大特點可以總結為

「興趣至上」、「願意付出但需要尊重」和「獨立高效」。「八年級」是現實的理想主義者，更加善於平衡積極進取和享受生活之間的關係。

2018年，某社群平臺的報告顯示，「九年級」雖然個性十足，但銳意進取，他們口稱「佛系」實則奮鬥。他們對未來樂觀，重收入但更重家庭，90%的「九年級」認為成功要靠自己的努力奮鬥。「九年級」更傾向於用開放、獨立、自信來形容自己。以下是部分內容：

隨著「九年級」不斷進入公眾視線，越來越多的標籤貼在了他們身上，而「九年級」本身更傾向於用以上這些詞形容自己這一代。

在日常生活中，尤其是在與同齡人交流時，「九年級」較為頻繁地使用網路流行語，他們覺得這些詞更好玩、更有趣，在使用時也能更準確地表達自己的想法和心情。雖然在傳統用語中也有一些詞可以代替網路流行語，但一些「九年級」覺得傳統詞彙太「老土」。

「九年級」是行動網路的原住民，在興趣愛好方面與其他年齡層的年輕人沒有太大不同，但有一些「新花樣」。比如：一些「九年級」把「幽默」也作為興趣愛好，他們喜歡刷段子、看搞笑影片，努力讓自己說話更加風趣。

從對「八年級」、「九年級」的調查研究不難發現，這些年輕人平均智商超過以前的同齡人，好奇心強，接受新鮮事物能力強、速度快，我們應該摒棄一些偏見，從正面欣賞的角度來看這一代年輕人。

表2-1　對「八年級」、「九年級」的正面欣賞

摒棄偏見	正面欣賞
墮落的一代	覺醒的一代
頹廢的一代	進取的一代
自私的一代	獨立的一代
叛逆的一代	創新的一代
浮躁的一代	奮鬥的一代

第二篇　積分制實施方案設計篇

曾有機構對這些年輕人就「工作方面想要什麼」做了一次調查研究，管理者和其本人的調查研究結果可謂大相逕庭，可見員工的需求已經發生了明顯的變化，如下表。

表 2-2　員工需求變化

項目	管理者排列	員工排列
高薪	1	5
工作穩定	2	6
晉升最快的職位	3	4
良好的工作環境	4	3
工作內容有意思	5	1
主管的認可、榮譽感	6	7
參與感	7	2

以上調查結果也顛覆了馬斯洛的需求層次理論，正三角變成了倒三角，這對傳統的管理手段也發起挑戰，命令、控制、強壓的傳統管理手段需要調整。

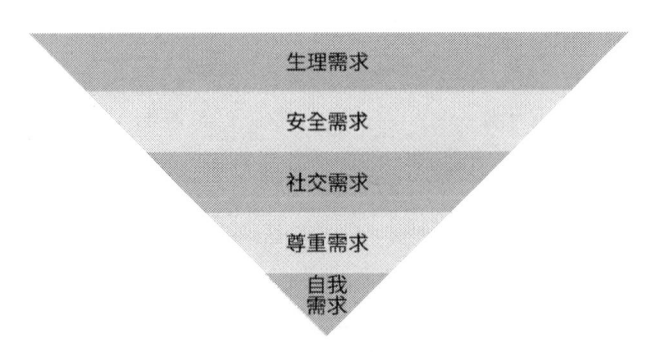

▲ 圖 2-1　對需求層次理論的顛覆

四、A 分項目及標準設計

結合「八年級」、「八年級後段班」、「九年級」員工的特點及需求，在原有公司獎懲制度的基礎上，用積分的形式對員工遵章守紀的行為進行

獎勵，對員工違反制度的行為進行處罰，獲得的積分越高，排名越高，員工就有機會獲得各種榮譽。A 分項目就是用榮譽激勵來引導員工遵守各項管理制度。

哪些制度需要被納入積分管理呢？我們舉兩個例子來說明。

1. 考勤管理

考勤管理是令很多企業人力資源從業者非常頭痛的問題，考勤方式在不斷改進，考勤制度在不斷更新，從卡片打卡到如今的指紋、人臉辨識打卡，員工遲到現象依舊無法禁止。筆者曾在網路上看到一篇求助文章：

今天公司財務部的同事跟我說，以後大家考勤晚一兩分鐘的可不可以不用計遲到。我直接跟她說這樣不行，公司制度定下來就應該嚴格執行，公司每個月有 2 次免扣遲到的機會，反正我這邊只統計考勤次數，如果妳想這麼人性化操作，在核算薪資時可以人性化扣款。她聽了很不高興，她說她每天不像我可以準時下班，有時候加班比較晚，回家後女兒睡著了，都沒有交流的時間，所以每天早上就是她和女兒的溝通交流時間，加上趕通勤有時就差一兩分鐘打卡，如果晚一兩分鐘不扣考勤，那她每個月都是全勤。我說既然這樣，我幫妳申請每天遲到 3 分鐘內不算妳遲到，她又不同意，不想讓別人覺得她耍特權。雖然這是小事，但是每次遇到類似的有特殊要求的人和事，都不知道應該按照制度來執行還是「從」了他們。按照制度執行的話肯定是方便我這邊的工作，但是感覺又得罪了人。請各位前輩指點！

有一家系統整合企業，年輕人居多，多數員工都是具有大學以上學歷的年輕人，頭腦敏銳，思維活躍，工作熱情很高。專案進度緊張的時候加班加點也不在乎，但工作不緊張的時候就很散漫。他們作息時間不規律，K 歌、泡酒吧、打遊戲，往往一玩就是一個通宵，早上經常無法

第二篇　積分制實施方案設計篇

準時上班。所以公司制定了打卡考勤制度，主要規定摘錄如下：

第一條員工上下班必須打考勤卡，每天應當打卡4次，漏打卡者每次罰款100元。

第二條員工不得讓他人代打卡，如被發現，代打卡者和被代打卡者各罰款250元。

第三條員工遲到、早退超過10分鐘，扣一小時薪資；超過20分鐘，扣半天薪資；超過30分鐘，扣一天薪資。

第四條員工因事、因病請假須按規定履行請假手續，否則以曠工計。

……

這一制度推行下去後員工反對聲音很大，雖然很多人表面上不說，但公司的氛圍和員工的積極性嚴重受到了影響。

其實上面兩種情況很多公司都出現過，從遲到5分鐘不算遲到，到遲到15分鐘不算遲到，究竟何時是個頭？考勤似乎成為很多人力資源工作者難以跳過的鴻溝。

但有了積分管理就不一樣了，只需按照制度來，遲到、早退可以不罰款，但要扣減相應的積分；沒有遲到、早退的，加相應積分；全勤及加班的，還可以獎勵積分，加上有些公司制定的樂捐制度，可以發揮良好的效果。下面是一家學員企業制定的樂捐制度，大家可以參考：

遲到、早退者不扣罰任何薪資，按照積分標準進行加減分。

辦公室、會議室門前放考勤樂捐箱，遲到者按每分鐘10元自覺捐款，早退者按每分鐘15元捐款，遲到10分鐘捐款100元，早退20分鐘捐款300元，依此類推，公司管理層加倍。

樂捐箱中的資金滾存累積，作為各部門的集體活動經費；按月遞減的，另有獎勵；集體舞弊的，則凍結該部門一年的集體活動申請資格。

透過積分項目設定，針對此項積分項目可以設定單獨運用，設定小蜜蜂獎、樂捐之星來表彰表現好的員工，反面刺激表現不好的員工。而且此項目還可以建立年假儲蓄帳戶，對遲到、早退和加班多的員工分別減少和累加年假，從而讓員工主動、自覺地遵守考勤制度。

2. 培訓或學習交流會

企業和員工都知道可以透過學習和培訓提升能力，但是員工往往三天打魚兩天晒網，很難堅持，就像很多人減肥一樣，明明知道要少吃、多運動，卻很少能堅持下來。我們知道並非人人都有堅定的意志力，影響人的行為的外部干擾因素太多，所以經常會有人選擇健身房或者透過打卡群組來督促自己。那麼作為企業的管理者，如何才能讓員工堅持學習、主動學習並分享學習心得呢？

例如：有很多公司定期舉行讀書會或者學習會，最初的目的是讓員工拓展自己的知識面和提升專業能力，但是漸漸地，有一些員工不願意參加了，一到讀書會或者培訓時間，他們就找各種藉口不參加。參加的人越來越少，即使來參加，也大多在聊天，根本沒有達到做這項工作的目的。面對這樣的局面，企業培訓管理者或者老闆很無奈，提升員工的能力明明對雙方都有好處，最終卻成了公司剃頭挑子一頭熱，吃力不討好。

對於此類活動公司一定要有要求，但怎麼要求是管理藝術。積分管理就可以有效地解決這個難題。如果在讀書會或者學習會中引入積分管理，同樣是自願行為，但效果就不一樣了。

比如：對於來參加讀書會或學習會的員工，每個員工加 100 分；對於不來的員工，不獎分也不扣分或者扣 100 分（扣不扣分可以根據公司實際情況決定，扣分可以進一步拉大做與不做的差距）。這樣，來的員工比不來的員工多出了 100 分或 200 分，相當於不來的員工落後了 100 分

或 200 分。為了避免有些員工只是單純地為了加分而參加讀書會或學習會，可以要求員工提交學習心得才可以加分。公司還可以多加一條規定：在學習會上開展經驗交流和學習交流，願意分享的員工再獎 100 分，不分享的員工不獎分。這樣員工也會主動積極地加入分享的隊伍，從而推動員工從被動學習轉變為主動學習。

以上例子都是將一些公司常見的管理難題轉化成積分項目，並透過綜合運用達到更好的管理效果。總之，我們可以將公司向全員釋出的考勤制度、禮儀形象制度、紀律管理、收款制度等公司級制度納入積分標準項目，制定紅黃綠燈規則。再強調一點，公司制度要求可能很多，首先要從遵守不好的、執行不到位的制度或者項目著手解決，制定積分規則。

五、A 分需要劃分權重嗎

很多人力資源從業者在聽筆者的積分管理課程時，經常提出一個問題：「在設計績效指標時，會根據指標的重要性對每個指標設計不同權重，權重的大小反映指標的重要性，再根據指標完成情況設計指標最終的得分計算方法。此種邏輯是不是也適合 A 分項目及積分標準的設計？」

A 分項目基礎分的設計與對應項目的重要性相關，根據管理要求，對執行越不到位的項目、對公司影響越大的項目，基礎分額度越高，可以按照合計 100% 規劃各個積分細項的權重，得出每個細項的基礎分，作為積分標準設計的依據。

根據重要性劃分不同權重，計算基礎分值，再根據不同的積分項目，設計紅區、黃區和綠區積分標準。還可以靈活處理，結合積分細項的屬性進行個性化設計，要不要獎分、獎多少，要不要扣分、扣多少，都不能一概而論，需要結合不同的積分項目而定。

第二章　公共積分（A、B、D、E分）方案設計

六、A分項目及標準設計小結

不建議企業在匯入積分管理初期，將所有的管理制度及每個管理制度的所有內容都制定成對應的積分標準，而要選擇最需要連接的管理制度或某項管理制度中執行不到位的項目，先將這些急需改善的項目轉化成積分項目，後續根據管理的需要逐步完善。

積分紅黃綠區是整體邏輯框架，積分標準可以不是一一對應的關係，即某積分項目，根據要求可以在紅區、黃區、綠區三個區間選擇制定對應的積分標準。

積分項目的積分標準和指標權重的作用一樣，積分額度展現了積分項目的重要程度，可以用劃分權重的方法倒推基礎分值。

基礎分值是加分和扣分的起點值，一般情況下，紅區扣基礎分值，黃區加基礎分值，綠區獎基礎分值的倍數。為了使員工遵守公司的各項管理制度，可以加大對某項制度的加分、扣分和獎分的力度，也可以實施加倍扣分。

第二節　B分──基礎分如何設計

一、B分是對人才基礎能力的盤點

很多企業在進行薪酬結構規劃和設計時，往往包括學歷薪資、年資薪資、職位薪資、特殊職位津貼等薪酬模組。為什麼這麼操作呢？原因之一是考慮這些因素能展現員工之間的能力和價值差異，對績效起到關鍵影響，所以在設計薪酬結構時，將學歷、年資等作為薪酬結構的一部分，針對不同學歷、不同年資、不同職位設計不同的薪酬標準。

企業非常希望透過這樣的設計來激勵員工。但往往員工還是沒有感

第二篇　積分制實施方案設計篇

覺，員工依然認為這些都是應該給他的，只不過是企業在玩「套路」，換個說法而已。有些企業也很苦惱，根據這些因素進行調薪時，薪資是高了，但往往沒有產生對應的激勵效果，如果想把薪資再降下來，可就太難了。

我們在這裡暫且不談這種設計有沒有產生真正的激勵效果，但企業進行這樣的設計初衷是好的，這些因素的確會對員工績效產生影響，甚至是深遠的影響。所以我們在設計積分標準時，將學歷、年資、職位等因素作為激勵點，統一納入 B 分進行管理，制定對應的積分標準，透過對這些因素進行加分不斷刺激員工，達到激勵的效果。

另外，學歷、年資、職位、特殊技能等是一個員工身上的基本屬性，將這些因素作為積分項目，也是對企業員工基本屬性的盤點，當我們想在企業內部找出具備某種屬性員工的時候，可以透過積分進行篩選，很快盤點出符合對應要求的人。例如：我們想找大學以上學歷，3 年以上年資，能夠用 Java 語言進行軟體開發的員工，如果這些因素均被納入積分項目，就可以透過積分項目篩選快速找到對應的員工。所以在企業經營管理過程中，需要什麼就鼓勵什麼，將這些項目納入 B 分進行管理。

● 二、B 分包含哪些項目

B 分積分項目的選擇要遵循的原則是：以滿足企業經營管理過程中的生產及輔助活動需求為導向。生產活動是指市場、行銷、研發、生產及職能部門的工作活動，輔助活動指一些文化娛樂活動，如慶典、晚會等。下面我們詳細舉例介紹常規情況下將哪些項目納入 B 分。

1. 學歷

企業在應徵應屆畢業生時，會根據學歷和學校對應屆生進行定薪，應屆生也會根據自身的學歷和畢業學校來評估自己的身價。

筆者曾經跟一個 HR 朋友聊天，他說他曾對一個求職者說過一句特別有意思的話：「我知道學歷不代表能力，我堅信能力比學歷重要，所以，請用你的能力先拿一個學歷。」有學歷的人都接受過很多年的學校教育，他們擁有豐富的學識和見識，他們的所學正是為了培養能力。學歷不代表一個人的全部能力，但從側面能夠反映出一個人的學習能力。在企業中，學習能力也是非常重要的，我們鼓勵持續學習，為員工曾經的付出進行加分獎勵。

2. 年資

忠誠並不能用員工在企業任職時間的長短來衡量，而是要看他能否為企業持續貢獻價值。員工年資的長短並不能衡量一個員工對企業的貢獻大小，但老員工對企業經營品質支撐、企業文化傳承的確有著至關重要的作用。

老員工是企業經營管理、產品及服務品質的重要支柱。老員工在企業各部門基本都是骨幹力量。大部分老員工對企業有感情，對工作的責任心和對企業的認同感會比新員工強，而且熟悉工作環境、規章制度和工作流程，有較高的業務水準和工作效率，這些都是新員工比不了的。老員工是企業文化的重要傳播者。缺少老員工的企業往往缺乏文化的沉澱。老員工在日常工作中的一舉一動都起著示範作用，不論是好的方面，還是壞的方面，都時刻影響著其他員工。新員工對企業的認知，相當程度來自老員工在工作中給新員工灌輸什麼樣的觀念。

老員工是企業成功經驗及失敗教訓的傳承者。老員工能將工作中的各種成功方法和工具總結沉澱為企業的寶貴財富。這些是員工未來開展工作的依據，能夠大大提升員工的工作效率和品質，同時也是新員工成長和培養的重要素材。

因此，我們要給予老員工更多信任，讓老員工承擔更多的責任，讓他們有機會施展自己的能力，為企業做出更大的貢獻，同時也要對老員工給予相應的鼓勵和激勵，這也是很多企業考慮在薪酬結構中設定「年資薪資」的因素。我們將年資作為一個積分項目，根據年資的長短確定積分標準，以此從精神層面鼓勵員工持續為企業貢獻價值。

3. 職稱、技能證書

職稱是指專業技術人員的專業技術水準、能力，以及成就的等級稱號，職稱能反映專業技術人員的技術水準、工作能力，對於企業有一定的價值，包括以下方面：

- 提升核心競爭能力，專業技術人才的數量與品質直接關乎企業的研發、業務等專業能力；
- 專案招投標，需要有相關工程師職稱專業技術人才，能獲得客戶的認可。

所以，在企業設計 B 分時，可以將職稱或技能證書納入積分項目，根據職稱或技能證書的等級和含金量制定對應的積分標準。

4. 管理層級（職位）

管理層級（職位）不同，對組織的價值不同，不同的管理層級（職位），組織對其具備的能力要求不同。企業在做職位評估時，大部分評估工具都會將員工掌握的知識和技能作為重要的評估要素之一，如世界知名的兩大管理顧問公司的職位評估工具——美世（IPE）和海氏（Hay）職位評估法。

美世IPE職位評估四要素的關系

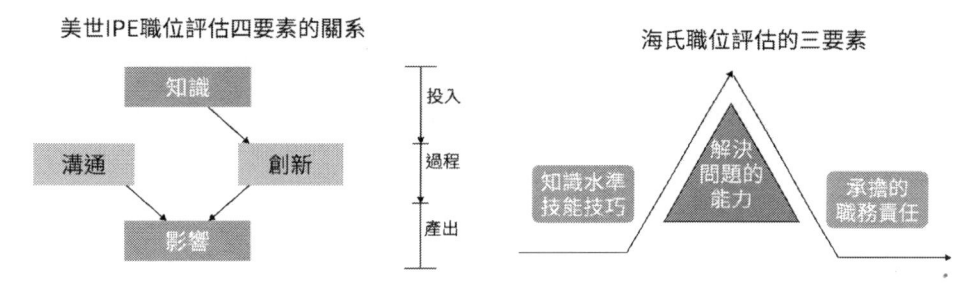

海氏職位評估的三要素

▲ 圖2-2　美世和海氏的職位評估方法

所以我們可以將管理層級（職位）納入積分項目，根據管理層級（職位）設計積分標準後，對員工進行加分獎勵。特別是對於企業特別難應徵或培養的職位，可以針對性地納入積分項目。例如：一些生產性企業的機器設備操作技師，對生產的效率、品質和成本影響很大，這類技師培養難度大，他們的經驗沉澱週期很長，從外部應徵難度更大，在推行積分管理時，在 B 分積分項目設計中就可以重點關注。

5. 個人特長

曾經遇到兩件事讓筆者很有感觸，看看大家有沒有類似的經歷。

◆ 第一件事

筆者曾經有個很好的朋友，在外企擔任人力資源副總裁，有一天突然打電話給筆者說他們公司需要舉辦一場培訓，他將具體的需求告訴了筆者並讓筆者報方案。大家都知道，在企業內部有關係，成交率是非常高的。所以我們就提交了內訓方案，靜待佳音。過了兩天，朋友又打來電話，說我們的方案很不錯，他要發給亞太區高管稽核，需要我們提交英文版的方案。筆者非常希望把這個單接下來，所以告訴朋友沒問題，並承諾下週一就發給他。

話說出去了，但筆者還是一頭霧水，因為之前從來沒做過這類方案，自己英文也普通，根本沒有將中文方案翻譯成英文的能力，接下來

第二篇　積分制實施方案設計篇

怎麼辦呢？筆者所了解的幾個同事也不具備這樣的能力，這讓筆者很頭痛。筆者試圖找以前擁有多益金色證書的同學幫忙。就在打電話的時候，一位同事走進辦公室，他似乎有解決辦法，示意筆者結束通話。

掛完電話後，同事就興奮地說，他英文很好，翻譯方案沒問題，這下筆者終於鬆了一口氣，原來高手就在身邊，這個問題迎刃而解。

◆ 第二件事

筆者在一家客戶公司做管理顧問專案，那時候剛好年終，公司在籌備年會，需要四名主持人，男女各兩名。因為有兩名男主持人曾經主持過公司大型活動，所以還缺兩名女主持人。有主管提議從外面聘請專業主持人加入主持團隊，這樣能夠確保順利舉辦年會。

筆者剛好聽到這件事，由於在專案過程中，我接觸到一位研發中心的研發助理，了解到她曾經在前公司主持過小型活動，而且在溝通中，筆者發現她很沉穩、大氣，稍加練習，完全能夠勝任主持年會的工作，所以筆者就對老闆提建議，如果用兩位外部女主持人不一定好，由於對公司不熟，背稿可能更有風險，可以讓這位研發助理試試，再用一位外部主持人就好了。最終老闆聽了筆者的建議，那位研發助理也沒有辜負公司的信任，圓滿完成了主持任務。

以上兩件事讓筆者很有感觸，公司裡有這麼多員工，每個員工身上都有優點，有一些有別於其他員工的個人特長，如果我們能了解到每個員工身上的一些個人特長，當公司需要的時候，就可以快速找到對應的人，在經營管理過程中順利解決相應問題，而且用公司內部的人風險和成本都更低。

將個人特長納入積分項目，根據公司經營管理需要，列出對應特長，制定加分標準，給予員工加分鼓勵。同時對員工特長做一次全面盤點，當公司需要的時候，可以快速找到對應的人。

三、B 分項目及標準設計

設計 B 分積分項目的標準要從以下兩個方面進行考慮：

1. 積分數值標準

積分數值標準的設計主要考慮以下兩點因素：

首先，考慮 B 分項目對企業的重要性，對企業越重要，分值越高，反之分值越低。

其次，考慮 B 分項目對於員工獲取的難度大小，獲取難度越大，分值越高，反之分值越低。

2. 積分週期

積分週期的設計重點考慮該積分項目對於員工獲取的難度，獲取難度越大，積分週期越短，反之積分週期越長。

積分週期越短，對員工的激勵刺激越頻繁，員工的感受度越強，激勵效果越好。所以在設計積分週期時需要充分考慮是否需要透過積分方式頻繁激勵員工，以達到激勵效果，讓員工創造高績效。

下表為某企業 B 分積分項目及標準，大家可以思考一下，這些項目的積分週期該如何設計。

表 2-3　某企業 B 分積分項目及標準

能力七大項	加分事項	加分標準（分）
B-1	高職（夜間）	5
	高職（日間）	5
	高中（私立）	10
	高中（公立）	10
	五專（私立）	15

能力七大項		加分事項	加分標準（分）
B-1		五專（公立）	20
		大學（夜間）	25
		大學（私立）	30
		大學（公立）	35
		大學（頂大）	40
		研究所（私立）	50
		研究所（公立）	60
		研究所（國外名校）	80
		博士（私立）	85
		博士（公立）	90
		博士（國外名校）	95
B-2	資格證書	丙級技術士	20
		乙級技術士	40
		甲級技術士	60
B-3	公司內部職務評定	技術員	10
		助理工程師	15
		初級工程師	20
		中級工程師	25
		副高級工程師	30
		正高級工程師	35
		初級會計師	20
		中級會計師	25
		高級會計師	30
B-4		組長	5
		領班	10
		出納	15
		會計	20
		（副）部門主管	15
		部門主管	20
		（副）部門經理	25
		部門經理	30
		專案經理	30
		部門總監	35

第二章　公共積分（A、B、D、E 分）方案設計

能力七大項	加分事項	加分標準（分）
B-4	副總工程師	40
	總工程師	45
	副總經理	50
B-5	鉗工	5
	裝配工	5
	車工	10
	銑工	10
	電工	10
	製冷工	15
	非專業繪圖軟體	5
	非專業工業處理軟體	5
	網站設計	5
	輔助分析軟體	10
	駕照	10
	工業設計	5
	廣告設計	5
B-6	語言能力	5
	體育特長	5
	文藝特長	5
	電腦等級證書	5
B-7	義工	5

　　上表對 B 分積分項目的設計做得非常詳細，就連學歷都分得很細。筆者建議可以簡單操作，畢竟 B 分不是積分體系的核心，做到既能展現差異又方便操作為好。

四、B 分項目及標準設計小結

　　B 分是結果貢獻的驅動要素，展現了公司希望員工能夠持續提升，保障員工能夠持續做出企業需要的價值貢獻。

　　B 分是根據積分項目，按照一定的週期給予的固定加分，沒有扣分，所以積分標準不能太高，防止員工不勞而獲，同時積分標準也不能

過低，否則力度不夠，員工感受不到，達不到激勵效果。

　　B分是對公司員工做的一次人才技能盤點，透過盤點，對員工掌握的技能現狀進行掃描，清晰員工狀態，根據公司經營管理的需要，透過制定積分項目，引導員工進行針對性提升。

　　B分要充分挖掘員工的能力，以滿足企業經營管理和舉辦相關活動的需求，否則就是對人才能力的浪費。

第三節　D分──貢獻分如何設計

一、企業管理員工最大的缺失──過度強調做事，忽略如何做人

　　現在的企業管理中，我們常常聽到「不看過程，只要結果」這樣的話，這是大多數老闆們經常講的話。這些話在企業內部釋放了「過度強調做事」的訊號，為員工行為指示了方向。但往往過度強調做事，忽略、淡化如何做人的企業，最終會面臨毀滅性的傷害。

　　曾經有位管理顧問公司的人力資源總監告訴筆者其公司的一個情況，詢問筆者如何處理更好，事情大概是這樣的。

　　一個業績非常好的員工，公司對他非常重視，薪資、獎金都給得很高，正值頒發年度優秀員工獎的時候，公司內部出現了兩種意見：一種意見認為一定要頒發優秀員工給他，如果不頒獎給他，他就會有意見，會影響員工的情緒和後期表現。另一種意見是不能頒發給他，因為這個員工雖然業績好，但是他在處理一些事情的方式上有問題，如過度承諾客戶，結果公司做不到，引起客戶不滿；更改客戶資訊，把同事的客戶變成自己的客戶等。這些行為對部門內部氛圍造成了一定的負面影響。

第二章　公共積分（A、B、D、E分）方案設計

公司主管很為難，到底要不要給他頒這個獎呢？

如果你是公司老闆，你該如何決定？

這樣的事情的確讓人為難，此類員工能力很強，當時當下，能為公司創造高業績，當然，一些小動作也讓人頭痛，如果頒發優秀員工獎給他，樹立榜樣，所有員工都會向他學習，用他的招數，這勢必給企業帶來很大的風險，整個團隊氛圍將會持續惡化，發生這種情況企業又該如何做？

孔子云「子欲為事，先為人聖」、「德才兼備，以德為首」、「德若水之源，才若水之波」。意思是說：一個人做事要想取得成功，首先要提高自己的品格，修練自己的內在修養。通俗點講就是：做事先做人，人做好了，事才有可能做好。中國傳統文化中的仁義禮智信、溫良恭儉讓、忠孝廉恥勇等都是講如何做人的。「修身齊家治國平天下」的思想也是說要做事先做人，治理家族和國家也要先從做人開始。這些都是傳統文化中人格理論的精髓。

員工除了吃飯睡覺，在企業裡的時間最長，可以說企業是除了社會、學校外，員工成長最重要的組織。作為新時代的企業家，應該有責任、有擔當，培養員工做一個對社會、對企業有貢獻的人，教導員工做一個樂於助人、見義勇為的好人，這是企業的一項重要責任和使命。透過長期宣導，引導員工的正向行為，員工長期在這樣的氛圍和環境中，必將被影響、被感召，企業的組織氛圍也會更加健康。這樣不但對社會有益，對於企業健康持續發展也更有益。

二、D 分項目及標準設計

我們將 D 分項目分成以下四大類，具體見下表：

表 2-4　D 分積分項目類別

類別	概念	典型積分項目
好人好事	所做的事情為社會、公司、同事、他人帶來好處，給他人帶來便利	拾金不昧、災區捐款、見義勇為、做愛心等
分外之事	事不關己，主動付出； 在本職工作外； 在工作時間外（節假日、休息日、下班後）	主動溝通交流、幫助推薦人才、作為新員工指導員； 主動幫助同事解決問題；主動傳授工作經驗、方法與技巧
特殊之事	針對某項工作有突出的貢獻而進行的積分單項獎，可以是本職工作內的，也可以是本職工作外的	各種臨時任務；各種會議策劃（公司年會、產品發布會、經銷商會議等）
共同之事	公司希望全體員工在某些事項或方法上進行改變	全員行銷

積分項目確定後，如何制定積分標準呢？我們舉個例子。很多公司鼓勵員工內部推薦人才，都會制定一個獎勵標準，一般情況下是根據對應職位，被推薦人入職後獎勵員工多少錢，或者被推薦人通過試用期後獎勵員工多少錢，或者兩者結合。而如果很多被推薦人在面試階段被淘汰了，但員工推薦了履歷，被推薦人也來公司面試了，這些情況我們是否應該鼓勵？大家看一下下面的積分標準有什麼問題？

- 第一種：介紹新人入職獎勵積分 50 分。
- 第二種：介紹新人入職獎勵積分 10～50 分。

第一種沒有考慮被介紹人員的差異，職位不同，應徵難度不同，對企業的價值貢獻不同，獎勵同樣的積分沒有區分對待；第二種考慮了上述問題，所以設定為獎勵 10～50 分，但是還是沒有明確具體的標準，管理者在評價時到底打多少分，不同的部門管理者可能尺度不同，同樣

的價值，得到的積分卻不同，對員工可能就不公平。

那麼我們在實際操作過程中，可以按照不同人員制定明確的分級評價標準，另外也可以考慮在推薦人才的不同階段進行積分獎勵，從而不會遺漏員工的點滴貢獻。針對一件對公司有意義的事情持續在不同階段對員工進行積分獎勵，讓員工持續接收到公司的認可，形成持續性記憶，能不斷激發員工持續貢獻價值的意願。

三、D 分項目及標準設計小結

D 分項目能夠強化企業員工做好人、做好事，做分外之事、特別之事，激勵員工在企業倡導的額外事項上創造價值，加強團隊合作，並建立良好的組織氛圍。

D 分都是獎分項目，沒有扣分，可以根據事項的重要程度、推進的流程節點等進行階梯設計獎分多少，在同一件事項上持續激勵，讓員工感受到認可，激發員工再次創造。

D 分項目可以根據企業不同的發展階段、不同的管理導向進行設計，倡導什麼、鼓勵什麼就應該設計什麼項目。不同行業的企業、不同發展階段的企業可以根據企業發展的需求進行差異化設計，引導企業員工朝著企業希望發生的行為上努力創造價值。

第四節　E 分 —— 企業文化分如何設計

一、企業文化的功能

物質資源終會枯竭，只有精神力量生生不息。文化管理是管理的最高境界，現代企業最高層次的競爭是文化競爭。企業的組織與流程變革本質上是人與文化的變革，是人的思維方式與行為方式的變革。

企業文化最大的功能是達成共識，包括：共同的事物、共同的舉動、共同的語言、共同的感受、共同的價值觀和對文化的共同理解。

從企業長期經營看，企業文化對企業長期經營業績有重大作用，這個作用不是促進，而是直接提高。美國知名管理行為和領導力專家約翰·科特教授與其研究小組，用了 11 年時間，就企業文化對企業經營業績的影響力進行研究，結果證明：凡是重視企業文化因素特徵（消費者、股東、員工）的公司，其經營業績遠勝於那些不重視企業文化建設的公司，如下表所示。

表 2-5　企業文化對企業經營業績的影響

衡量指標	重視企業文化的公司	不重視企業文化的公司
總收入平均成長率	682%	166%
員工增長	282%	36%
公司股票價格	901%	74%
公司淨收入	756%	1%

從企業與人的關係來看，企業文化是凝聚人氣並使企業克服下滑慣性的動力，沒有優良的企業文化，公司將成為一盤散沙，在激烈市場競爭中逐漸喪失生存活力。企業文化就是員工在企業中形成的做人做事的習慣，用一個公式表示即：企業文化＝三觀匹配。

二、核心價值觀在於建立企業做人做事的底線

企業發展的靈魂是企業文化，而企業文化最核心的內容應該是價值觀。企業的價值觀就是企業決策者對企業性質、目標、經營方式的取向所做出的選擇，是為員工所接受的共同觀念。

- 核心價值觀是企業所有員工共同持有的，而不是一兩個人所有的。
- 核心價值觀是長期積澱的產物，而不是突然產生的。
- 核心價值觀是有意識培育的結果，而不是自發產生的。

企業文化是以核心價值觀為核心的,核心價值觀是把所有員工連繫在一起的精神紐帶,核心價值觀是企業生存、發展的內在動力。

核心價值觀是判斷是非曲直、好壞善惡的評價標準,是企業遵守的最基本的價值標準和價值信仰,是經營管理的基本原則。價值觀讓員工有明確的價值取向。

- 什麼是該做的,什麼是不該做的。
- 什麼是正確的,什麼是錯誤的。

核心價值觀必須是企業核心團隊或者企業家本人的肺腑之言,是企業家在企業經營過程中身體力行並堅守的理念,如有些企業的核心價值觀中有「誠信」,但在實際經營過程中並沒有展現出誠信的行為,那麼「誠信」就不是這家企業的核心價值觀。從這個角度說,設立核心價值觀不是追求時尚,其他企業有的核心價值觀不一定就是你的企業的核心價值觀。當企業面對艱難的選擇時,核心價值觀就是判斷的重要依據。

三、阿里巴巴價值觀的演變及考核

1. 阿里巴巴價值觀的演變

2005年,中國企業家馬雲把阿里巴巴300多位高管組織起來,擠在一間會議室,花了一整天的時間討論,把過去九大價值觀壓縮成六個:客戶第一、團隊合作、擁抱變化、誠信、激情、敬業。

「獨孤九劍」演變成了「六脈神劍」:金字塔尖,客戶第一是不變的企業宗旨;團隊合作、擁抱變化是左膀右臂,是組織方法論;誠信、激情、敬業,是員工三大基本素養。

阿里在2019年9月正式宣布了新「六脈神劍」價值觀,從過去的關

鍵詞變成了六句「阿里土話」，分別是 —— 客戶第一，員工第二，股東第三；因為信任，所以簡單；唯一不變的是變化；今天最好的表現是明天最低的要求；此時此刻，非我莫屬；認真生活，快樂工作。

這一 3.0 版本價值觀的誕生歷時 14 個月，期間，阿里巴巴舉行了 5 輪合夥人專題會議，累計 467 名組織部成員參與了海內外 9 場討論；對全球各事業群不同年資、職位、層級、年齡的員工進行調查研究，得到建議回饋近 2,000 條。從一個字到一個標點符號，「新六脈神劍」修改過 20 多稿，最終正式出爐。

更新後的價值觀取材於「阿里土話」，是非常阿里式的話語表達體系，一位阿里 HR 說：「六句阿里土話傳遞的價值觀，讓員工更容易理解和接受，全世界那麼多家公司，你把正直、勇敢、誠信等這些詞放在一起，你都不知道是哪家公司的，但是阿里的這六條價值觀，一聽就是阿里的，辨識度非常高。」

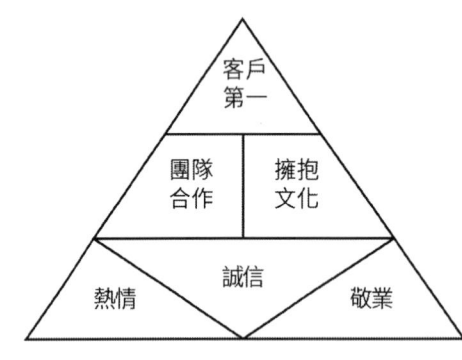

客戶第一：客戶是衣食父母
團隊合作：共享共擔，平凡人做非凡事
擁抱文化：迎接變化，勇於創新
誠信：誠實正直，言行坦蕩
熱情：樂觀向上，永不放棄
敬業：專業執著，精益求精

▲ 圖 2-3　阿里巴巴「六脈神劍」

2. 阿里的核心價值觀考核方式的變化

在很多公司文化是不需要考核的，為什麼阿里要堅定不移地進行考核？因為馬雲就信這個。馬雲在公司內部說過這樣一段話：

第二章　公共積分（A、B、D、E分）方案設計

「我想和大家一起建立一家中國人創辦的世界上最偉大的公司，這個公司至少能持續102年，橫跨三個世紀，我希望大家也包括我在這樣的一家公司工作，能夠感覺到自己暢快地走在透明的藍天下，愉快地走在堅實的大地上；能夠感覺到蔚藍的流動的大海帶給你的胸懷，又宛如在綠色的充滿氧氣的森林裡呼吸；這樣的一家公司在網際網路激烈的競爭面前富有戰鬥力、執行力，業績不斷增長，規模不斷擴大，在『讓天下沒有難做的生意』這一使命的感召下不斷地為社會創造價值。

而這樣的一家公司沒有優秀的員工是不可能建成的，我們的『六脈神劍』是所有阿里巴巴人共同尊重的價值觀、人生觀，它來源於人性最美、最善良的一面，也必能激發人性最美、最善良的一面，為整個社會所接受和認可；它能幫助我們選拔、培養、塑造世界上最優秀的員工，在這樣的準則下成長起來的員工，一方面是社會上人人尊重的好公民，一方面是我們企業追求卓越的主力軍。因此我們將旗幟鮮明但活色生香地推廣我們大家尊重的價值觀，為了我們的終極使命和遠景目標貢獻我們大家的全部智慧！」

阿里內部總結其核心價值觀考核主要有以下目的。

- 價值觀的推廣是全方位的，深入到應徵、培訓、人員選拔、績效考評、文化建設活動等人力資源管理的各個領域。價值觀考核是推行價值觀的有力方式，它考核的是員工在日常工作中所展現的態度、行為與六大價值觀的符合程度；而價值觀所期待的態度和行為是企業的 DNA（基因），是保證企業核心競爭力的重要文化基礎。
- 考核價值觀的過程是全體員工對價值觀的理解達成共識、激發員工對價值觀真正的認可和尊重的過程，最終促使全體員工在工作當中始終如一地展現出來。
- 經理對員工進行價值觀考核時必須摒棄「工具」的概念，深刻理解將價值觀納入績效考核的目的，對員工行為進行深入細緻地觀察和客

第二篇　積分制實施方案設計篇

觀公正地判斷，既不要放任自流，又不可吹毛求疵，達到公司推廣價值觀的真正目的。

阿里的核心價值觀考核方式經歷了以下變化。

◆ **通關制**

在 2004～2013 年間，阿里的價值觀考核滿分是 5 分，3.5 分以上必須提供案例證明。

◆ **ABC 檔位制（自評＋他評）**

2013～2019 年，阿里價值觀考核運用的是檔位制，重弘揚和倡導，去分數化，以 A、B、C 三檔呈現，不設比例；A 檔和 C 檔都需要多個事例支持及綜合評估描述。三檔對應的標準為：

- A：超越自我，對團隊有影響，和組織融為一體的、傑出的榜樣，有豐富的事例和廣泛的好評。
- B：言行表現符合阿里巴巴價值觀要求，是個合格的阿里人。
- C：缺乏基本的素養，不符合價值觀要求或突破價值觀底線，根據程度不同，需要改進甚至離開（不參與獎金、調薪、股權、晉升）。

◆ **20 項行為描述打分（自評＋他評）**

隨著 2019 年阿里新的核心價值觀釋出，價值觀考核方式從過去的 ABC 檔位制調整為 20 項行為描述打分，除了最後一條「認真生活、快樂工作」不做考核外，前面 5 條價值觀各自又列出了 4 條「行為描述」的細項，一共 20 項，總分 20 分，每一條的「行為描述」詳細清晰，供自評和他評時對照打分。針對標準符合給 1 分，不符合給 0 分，具體行為描述摘錄參考如下。

第二章　公共積分（A、B、D、E分）方案設計

表 2-6　阿里 20 項行為描述

價值觀	詮釋	行為描述
客戶第一 員工第二 服務第三	■ 這就是我們的選擇，是我們的優先級。 ■ 只有保持為客戶創造價值，員工才能成長，股東才能獲得長遠利益。	■ 心懷感恩，尊重客戶，保持謙和。 ■ 面對客戶，即使不是自己的責任，也不推諉。 ■ 把客戶價值指標作為我們最重要的 KPI（關鍵績效指標）。 ■ 洞察客戶方案，探索創新機會。
因為信任所以簡單	■ 世界上最寶貴的是信任，最脆弱的也是信任。 ■ 阿里巴巴的成長歷史是建立信任、夢想信任的歷史。 ■ 你複雜，世界就複雜；你簡單，世界就簡單。 ■ 阿里人真實、不裝，互相信任，沒那麼多顧慮和猜忌，問題就簡單了，做事情也因此高效。	■ 誠實正直，言行一致，真實、不裝。 ■ 不唯上欺下，不搶攻「甩鍋」，不能只報喜不報憂。 ■ 善於傾聽，尊重不同意見，決策前充分表達，決策後堅決執行。 ■ 敢於把自己的後背交給夥伴，也能贏得夥伴的信任。
唯一不變的是變化	■ 無論你變不變化，世界在變，客戶在變，競爭環境在變。 ■ 我們要心懷敬畏和謙卑，避免「看不見、看不起、看不懂、追不上」。 ■ 改變自己，創造變化，都是最好的變化。 ■ 擁抱變化是我們最獨特的 DNA。	■ 面對變化不抱怨，充分溝通，全力配合。 ■ 對變化產生的困難和挫折，能自我調整，並正面影響和帶動同事。 ■ 在工作中有前瞻意識，建立新方法、新思路。 ■ 創造變化，帶來突破性的結果。
……	……	……

　　阿里巴巴將價值觀行為化，每個價值觀都有明確的公司倡導的行為，員工可以學習對照檢查自己，時刻提醒自己。考核時對符合標準的給 1 分，不符合的給 0 分，沒有 0.5 分的評價，操作很簡單。考核結果占員工考核的 50%，權重非常高，讓員工不得不重視價值觀評價。這種評價模式存在不及時的情況，評價的時候，評估人需要回憶被評價者的

067

過往工作是否存在行為描述的各種情況,可能存在近因效應、月暈效應等問題,對員工可能存在不公平。

四、京東的價值觀積分考核

1.2013 年版「圓型」價值觀

2012 年 8 月,京東創始人劉強東請來了隆雨。隆雨曾是 UT 斯達康的高級副總裁、全球首席法律總顧問及法令遵循主管(CCO),也是劉強東在中歐商學院的同學。隆雨加入京東的工作任務就是及時釐清京東的文化價值觀。京東歷經大量的線上線下員工調查研究,組織高管工作坊討論,於 2013 年 3 月整理出了完整的新企業文化,包括使命、願景和價值觀。「圓型」價值觀,在京東內部叫「一個中心(客戶為先),四個基本點(誠信、團隊、創新、激情)」。

以客戶為先為例,京東明確了公司提倡的行為和要求,具體如下表。

表 2-7 「客戶為先」價值觀

服務理念	管理者行為
感恩客戶	心懷感恩:懂得只有持續為客戶創造價值,我們的存在才有價值,並不斷向員工強調這一理念; 優先考慮客戶利益:在任何情況下都以解決客戶問題為先,決策時,始終將客戶體驗和客戶利益置於首位,盡最大努力為客戶創造價值。

第二章　公共積分（A、B、D、E分）方案設計

服務理念	管理者行為
服務客戶	注重禮貌：鼓勵員工注意言行，必要時予以糾正，確保員工言行符合《京東人文明禮儀規範》； 重視客戶投訴：重視客戶體驗的研究及投入，持續洞察客戶的需求，收集客戶資訊及回饋，為公司決策提供依據； 努力提升客戶體驗：努力提供優良的產品、有競爭力的價格和卓越的服務，不斷創新和提升客戶體驗； 構建客戶服務體系：積極協調內部資源去滿足客戶的合理需求，據此建立完善的客戶服務體系及衡量考核體系，並為更好的客戶體驗積極推動流程改進； 激勵員工為客戶提供優質服務：倡導、激勵員工服務客戶的行為，幫助員工解決客戶服務中遇到的困難。
成就客戶	挖掘潛在需求：關注和了解客戶的潛在需求，致力於開發符合客戶需求的產品和服務； 立足客戶長期利益：能夠長期採取具體的措施為客戶提供增值服務，並藉此成功取信客戶； 為客戶提供解決方案：擔任客戶的顧問角色，針對客戶需求、問題提出自己獨立的觀點，為客戶提供解決方案； 與客戶共成長：鼓勵員工幫助買家，供應商提升業務能力。
感恩客戶	尊重客戶：理解客戶價值，理解並尊重客戶； 重視客戶需求：把滿足客戶的需求當作自己的首要任務，為此投入時間和精力。
服務客戶	禮貌待客：文明、禮貌、熱情，親切地對待客戶； 耐心傾聽客戶聲音：與客戶接觸時，耐心傾聽客戶的諮詢、要求和抱怨； 首問負責：對來人或來電提出的諮詢、投訴和業務辦理等問題，無論是否屬於本人工作範疇的事情，首先受到詢問的員工都要負責指引、介紹豁答疑，不得以任何藉口推諉、拒絕或拖延處理時間； 及時響應客戶需求，追蹤到底：對客戶的需求和回饋及時響應並快速行動，跟進到底，直至客戶問題得到解決，對可能多次發生的問題，積極提出流程改進建議； 為我們的過錯買單：一切由京東原因造成的客戶問題由京東買單，絕不推託，善於合理使用組織授權的資源彌補客戶在體驗方面的損失；不斷提升客戶服務技能；累積經驗、不斷學習以快速提升自己服務客戶的能力和水準，以期為客戶提供完美服務； 開心服務：在滿足客戶需求的同時，努力提供更多的樂趣，有快樂服務的精神。

服務理念	管理者行為
成就客戶	提供個性化服務：當顧客滿足需求或服務流程不能滿足客戶需求時，努力為客戶提供個性化的產品和服務，盡可能快速、準確地解決客戶問題； 為客戶提供附加價值：用超越客戶期待的服務，滿足客戶需求，幫助客戶成功； 以成就客戶為榮：以滿足客戶需求、支持客戶成功為快樂和榮耀。

2. 京東 2018 年版「T 型」價值觀

　　2018 年 3 月 30 日，劉強東寫了一封京東內部全員信，提出了十二字的「T 型價值觀」，即正道成功、客戶為先、只做第一。劉強東說：「雖然只有簡簡單單的十二個字，卻高度概括了京東最本源的基因、最鮮明的氣質和最核心的 DNA。」「T 型價值觀」可以用「三度」概括：「正道成功」決定了京東事業的高度，是京東基業長青的價值信仰；「客戶為先」決定了京東事業的溫度，是京東一切工作的價值標準；「只做第一」決定了京東事業的厚度，是京東持續引領的價值驅動。

　　劉強東曾這樣詮釋京東的三個價值觀：「正道成功」不僅僅指我們要合法依規地取得商業上的成功，更重要的是我們要成為行業中的價值典範；「客戶為先」是京東成長發展的基因，也是京東一切工作的價值標準，客戶是我們的衣食父母，更是鞭策我們前進的力量，客戶體驗將是京東評價工作和決策依據的最高紅線，集團內部凡是涉及客戶體驗改進的要求和建議，任何人都不能說「不」；「只做第一」不僅僅是我們在市場占有率、行業競爭中永爭第一，更是一種持續創新、不斷超越的精神，京東人要學會忘記現在的成績，要學會忘記過去的成功路徑，以歸零的心態，不斷打破固有思維、開放心態，堅決抵制傲慢的大企業病，時刻保持危機感。

　　京東的十二字價值觀沒有用具體、明確的關鍵字來詮釋。劉強東

說，這三個詞是京東最核心、最本源、最真實的價值觀，任何詞彙都不足以詮釋其全部含義。

3. 京東價值觀的考核

(1) 文化大講堂

劉強東親自向京東所有的總監開設了文化大講堂。公司上下做了 5,000 多場文化輪訓，3.3 萬人接受了價值觀的輪訓，讓價值觀從抽象走向具體，不再是掛在牆上的一幅畫。

(2) 價值觀行為積分計畫

價值觀行為積分計畫（簡稱「價值觀積分卡」），是京東各級管理者以價值觀行為積分卡、STAR 原則和《京東文化手冊》為工具，辨識出員工符合價值觀的行為，並給予認可和獎勵的文化實施項目。作為京東的傳統文化項目，價值觀積分卡對於很多京東人來說並不陌生。作為一群擁有「正道成功、客戶為先、只做第一」價值觀 DNA 的京東人，身邊的正能量案例很多，這些閃亮事例的主人都會收到滿載榮耀的價值觀積分卡。

價值觀積分卡發放有以下幾條規則：

- 京東 M 序列管理人員均有發放許可權；
- 以季度為週期，每位管理者每季度有 3 張卡，3 張卡片應授予不同的員工（除非團隊少於 3 人）；
- 可發給本部門員工，也可發給合作部門的同級或同級下屬；
- 各級管理者發出的價值觀積分卡對應不同分值，主管（站長）10 積分，經理 30 積分，總監 50 積分，VP（副總裁）100 積分，CXO（首席驚喜官）200 積分，特別突出的行為和事蹟有機會向更高管理者推薦。

第二篇　積分制實施方案設計篇

管理者每季度登入線上平臺進行發放操作，在發放積分卡時，需要填寫員工的獲獎理由，並填寫符合 STAR 原則的行為事例，並要求管理者將卡盡可能公開地（如例會等公開場合）授予獲獎者，並宣讀獲獎事例。管理者必須在當月發放完畢，在每月月底透過郵件提報本團隊獲獎事例給上級。

員工透過京東價值觀積分卡員工內購平臺，根據積分額度，將積分按 1：1 兌換成優惠券，如 50 積分兌換 50 元東券（本案例幣值皆為人民幣），滿 100 元可抵扣。兌換成功之後，就可以在員工【福利平臺＞個人中心】檢視到優惠券，並在京東 APP 上用優惠券愉快購物了。此外，憑京東價值觀積分還可以享受多種機會和福利，如一年內獲得價值觀積分卡的員工，有機會跟隨集團一起出國旅遊。

每季度各大區會根據積分情況，選出 10 名季度文化之星，每人可獲得限量版文化之星禮品一套。文化之星會被邀請參加各種慶典，還有機會去集團總部做代表。京東也借鑑了遊戲化思維，按照價值觀積分頒發勳章和排名獎勵。每季度統計積分，可以兌換勳章，滿 30 分頒發 1 枚銀質勳章，滿 90 分頒發 1 枚金質勳章，滿 270 分頒發 1 枚超級定製勳章。同時，開展「季度文化之星」評選，當季所獲價值觀積分排名第一且無行政扣分者，獲得一座「季度文化之星」金屬立體獎盃以及 200 元禮品卡。

同時，價值觀積分成為京東年度評優的重要參考項，積分越高，越有機會在評優中獲勝，獲勝者還有幾千元至一萬元的獎金。

京東的價值觀積分模式對考核方式進行創新，不再是傳統的到一定時間進行打分的思路，而是給管理者一定的許可權，如果員工做出了符合價值觀的優秀行為，管理者可以透過發放積分卡的形式進行加分，這種形式更加形象化，而且比主觀評價更具操作性，因為在加分時必須填寫具體的事件。京東還將積分結果與物質激勵、榮譽激勵結合，讓員工

更加重視價值觀的考核。但是管理者對於加分範圍的拿捏可能不一致，不同的部門之間可能存在範圍的不同，也會造成積分結果應用時（兌換及排名）可能存在不公平。

五、如何進行 E 分設計讓企業文化滲透到員工骨髓裡

很多企業做企業文化，強調核心價值觀，往往是寫在紙上、貼在牆上、喊在嘴裡，卻落實不到行動上。像阿里巴巴、京東這樣不折不扣執行價值觀考核的企業不多。對阿里巴巴和京東的價值觀考核模式我們可以加以轉化和借鑑，透過積分的形式即時記錄員工遵守價值觀的情況，具體有兩種操作思路：

1. 總體評價法

按照季度或者半年度對員工的價值觀進行打分評價，將分數轉化為積分，如阿里巴巴最新價值觀總分 20 分，可以轉化為積分 100 分或 200 分，具體轉化成多少分，根據積分總體規劃。在做總體評價時，針對過程中發生的關鍵事件，管理者可以一一記錄在對應的企業文化行為庫中，這樣便於管理者在評價時參照關鍵行為進行評價。

2. 即時評價法

採用紅黃綠燈評價模式，將公司倡導的行為列入綠區，根據不同的行為制定不同的獎分標準；將公司嚴令禁止的行為列入紅區，根據不同的行為制定不同的扣分標準。這樣，當員工發生了違背價值觀的行為時，上級管理者就可以即時發起評價，對員工採取即時扣分處罰；當員工發生了價值觀倡導的行為時，上級管理者也可以即時發起評價，對員工採取即時獎分激勵，如下表所示。

表 2-8　紅黃綠燈即時評價範例

價值觀	價值觀定義與說明	分值（分）	紅區 扣分 （典型事例）	黃區 加分	綠區 獎分 （典型事例）
客戶為本	根據客戶需求和情況給予服務，要時刻牢記客戶的需求	40	1. 各種節日不及時，超過兩小時，扣40分 2.……	／	1. 客戶表揚，加40分 2.……
擁抱變化	新技術新思想，用開放的態度面對，變化是常態，打開腦去接受	25	1. 無視新事物、新變化，牴觸新技術，漠視變化，扣25分 2.……	／	1. 積極學習，推動技術革新變化，提出合理意見，加25分 2.……
合作雙贏	與同事合作，與周圍一切資源合作的態度	25	1. 拒絕溝通，不合作，態度消極，溝通敷衍、應付，應扣25分 2.……	／	1. 主動溝通，積極配合，得到協助對象的認可，加25分 2.……

這種紅黃綠燈即時評價的方式有以下三大優勢：

首先，簡單直觀，公司反對什麼、倡導什麼，在紅區、綠區顯示，哪些能做、哪些不能做就會印在員工的腦子裡，有利於價值觀的宣導。

其次，不及時的獎勵是處罰，不及時的處罰是獎勵。讓員工第一時間知道自己做得好與不好，時時刻刻知道底線，將直接影響員工每天的行為。

最後，即時評價，即時記錄資料，對全員公開，評價更加公平公正，避免造成月暈效應和近因效應。

第三章　分層分類績效分（C分）方案設計

第一節　績效管理

一、績效管理在企業發展過程中的價值和意義

1. 推動策略目標的達成

傑克・威爾許一場兩個小時的演講，出場費高達100萬美元。威爾許在這兩個小時到底講了什麼？怎麼就那麼值錢呢？總結下來有兩句話最值錢，第一句話是：對經營者來說，最有效的管理手段是績效管理；第二句話是：績效管理的區分是建設一個偉大組織的全部祕密！

企業匯入績效管理的目的是透過將公司策略和經營目標層層分解到每個部門和職位，使得千斤重擔萬人挑，人人頭上有指標，最終使每個職位、部門實現自身目標的同時，實現公司的經營和策略目標。

2. 驅動人力資本增值

有一個朋友剛到一家新公司時，前幾個月非常努力，工作做不完就加班加點完成，也不會抱怨。她看到有些老員工基本到點就下班，哪怕工作沒有做完，也不是很急，第二天繼續做。但她自己是新人，所以還是很努力，願意多付出，哪怕辦公室只剩下她一個人加班，她心裡也認為是應當的。

慢慢地，身邊的同事好像都用異樣的眼光看她，時不時告訴她，沒必要那麼認真，工作永遠是做不完的，第二天繼續做就好，加班完成工

作，公司又不會多發薪資。幾個月後，她也慢慢變成了「時間一到就拎包下班的人」，對工作沒那麼高的要求，將就可以就好了。

我們可以看到這裡面的變化，本來這位朋友工作非常努力，能創造更高價值，是人力資本，可是在大環境的影響下，慢慢朝著人力成本的方向轉移。我們在多年的經營管理實踐中，簡單總結了人力資本與人力資源的差別，如下表所示。

表 3-1　人力資本與人力資源的區別

人力資本	人力資源
品質、數量	數量
關注收益及結果	關注「人」、「現象」

所以，對於企業來說，能夠帶來效益成長的「人力資源」才是「人力資本」，不能創造價值的則會成為人力成本。績效管理就是驅動人力資源成為人力資本，讓員工創造更高價值的有效工具。

3. 推動企業建立積極文化

彼得・杜拉克曾說過，一個組織的「士氣」並不意味著「人們在一起相處得是否好」，其檢驗標準應該是績效。如果人際關係不以達成出色績效為目標，那麼就是不良的人際關係，是互相遷就，並會導致士氣萎靡。

我們在很多企業開展績效管理顧問專案時發現：越優秀的人越喜歡績效管理，他們希望透過績效考核來證明自身的優秀，獲得期望的職位、待遇等。透過績效管理公平、公正地評價員工，能夠幫助企業建立積極的企業文化，鼓舞員工，營造良好的工作氛圍和積極向上、合理競爭的工作環境，引導員工更努力地工作，增強企業的凝聚力和員工的自豪感，從而提升員工的認同感和價值感。

4. 推動企業流程、制度等基礎管理的改善

我們在做很多企業管理顧問專案時發現，大部分企業的管理都不規範，企業管理層會提出一個問題：是不是把制度和流程整理清楚後再做績效管理更好些？我們往往建議企業先做績效管理，為什麼呢？試想，如果先把制度都制定完整，流程都整理好，把所有管理都規範化，這樣會很累，但效果不一定好。試想，給員工幾十個制度去執行，員工會執行嗎？員工能執行過來嗎？員工會思考一個問題：我為什麼要這麼做？

如果企業建立了科學的績效管理體系，企業目標統一了，在實行績效管理過程中，發現遺漏什麼就完善什麼，這樣更有針對性，員工也知道為什麼要這樣做了。我們曾經在一家企業替品管部門設計指標，將物料檢驗的及時性作為一個指標，資料統計部門是倉儲部，但在實際執行時發現，大家都不知道何為及時，何為不及時，公司成立近 20 年，品管部也沒有制定相應的規則。

我們發現這個問題後，立刻召集品管部、倉儲部、生產部負責人當面溝通，為了及時為生產提供合格的物料，並讓品管部和倉儲部更好地進行工作銜接，我們研討出物料檢驗的時間標準：下午 5 點前到料必須當天完成檢驗並輸出檢驗報告，下午 5 點之後到料第二天上午 10 點前必須完成檢驗並輸出檢驗報告，特別緊急事項由上級協調溝通處理。定完標準後，各個部門都清晰了檢驗工作的時間標準，再也沒有踢皮球的現象發生。

上述案例在績效管理專案推進過程中是比較多的，我們就是以績效管理作為主線，對影響關鍵指標執行的制度、流程進行針對性整理，提高組織執行的效率。績效管理對企業制度、流程建設產生了非常好的推動作用。

二、為什麼績效管理不產生績效？
—— 剖析當前企業主流的績效模式的弊端

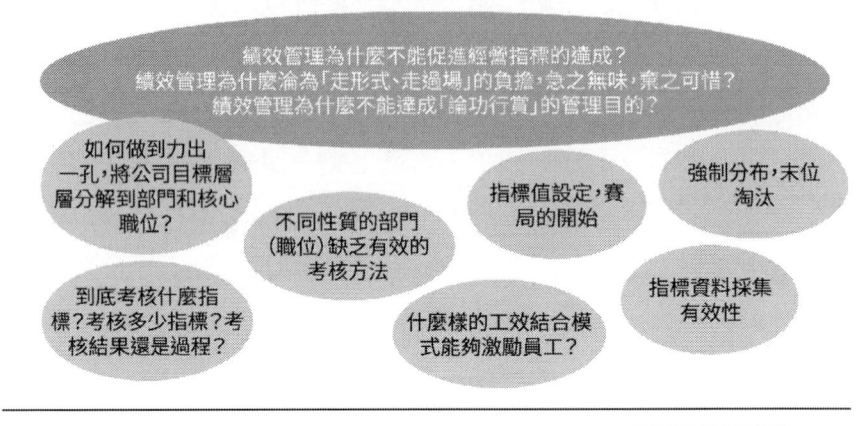

績效管理為什麼不能促進經營指標的達成？
績效管理為什麼淪為「走形式、走過場」的負擔，食之無味，棄之可惜？
績效管理為什麼不能達成「論功行賞」的管理目的？

- 如何做到力出一孔，將公司目標層層分解到部門和核心職位？
- 不同性質的部門（職位）缺乏有效的考核方法
- 指標值設定，賽局的開始
- 強制分布，末位淘汰
- 到底考核什麼指標？考核多少指標？考核結果還是過程？
- 什麼樣的工效結合模式能夠激勵員工？
- 指標資料採集有效性

高價值下的高薪酬　　　　核心原因：價值≠價格　　　　低價值下的低薪酬
企業成本最低　　　　　　　　　　　　　　　　　　　　　　企業成本最高

▲ 圖 3-1　績效管理不產生績效的原因

- 當前企業執行的績效管理模式為什麼不能促進經營指標達成？
- 績效管理為什麼淪為「走形式，走過場」的雞肋，食之無味，棄之可惜？
- 績效管理為什麼不能達成「論功行賞」的管理目的？

以上三個問題，從上圖可以看出很多原因，大部分歸納的都是操作層面的問題，但沒有找到最關鍵的核心問題。老闆對績效管理不滿意很重要的一點是發獎金的時候，覺得某些員工沒有創造出他想要的價值，認為不應該發給他這麼多。而員工不滿意甚至因此離職的關鍵點是他們認為自己創造的價值卻沒有得到合理的報酬。價值與價格之間存在賽局，沒有達成統一。我們與很多企業家交流時發現，大部分企業家都是願意發獎金的，但是他們說要發得有價值，發得有依據，不能發出了不

勞而獲，不能發出了坐享其成，不能發出了抱怨！

假設公司一個主管職位的收入為 5 萬元，其中薪酬績效固浮比為 8：2，公司每月按時發放 40,000 元，績效薪資為 10,000 元，員工績效等級是 S，等級係數是 1.3，則績效薪資＝ 10,000×1.3 ＝ 13,000 元，你對此有何感想？在員工心裡，這 5 萬元都是薪資，做得再好也就多 3,000 元，大部分員工心裡會想，我基本上拿不到優秀，也不指望多拿 3,000 元，反正我也不會是最後一名，別扣我薪資就好。

大家看圖 3-2，在績效結果處理及應用的模式方面，很多企業採用下面這種模式──薪酬劃分固浮比，員工績效等級與部門績效等級結合，分為 5 個績效等級，不同等級對應不同的獎金係數，最後相乘就得出績效薪資（獎金）。這種傳統的績效結果處理及應用模式，在一定程度上打壓了員工對薪酬的欲望和想像空間，同時也讓員工失去了對目標追求的動力。

職級	管理職級		行銷職級		技術職級		服務職級	
固浮化	固定	浮動	固定	浮動	固定	浮動	固定	浮動
經理級	6	4	4	6	6	4	6	4
主管級	7	3	5	5	7	3	7	3
員工級	8	2	6	4	8	2	8	2

考核等級 \ 分布比例		員工考核等級分布比例				
		S	A	B	C	D
部門考核等級	S 90-100	30	30	40	0	0
	A 80-90	15	25	50	10	0
	B 70-80	10	20	40	20	10
	C 60-70	0	10	50	25	15
	D 0-60	30	30	30	30	30
員工績效考核係數		1.3	1.2	1	0.7	0.5

▲ 圖 3-2 績效結果應用常見模式

三、如何針對不同層級的員工建立分層分類的績效考核思路

不管何種考核模式，如果方案能夠展現「價格＝價值」的原則，那這個方案基本能夠達到應有的效果。我們提出的新型績效模式的依據是馬克思的《資本論》，是指將員工的工作職責、工作結果，以標準化、規則化、價值化的方式進行量化考核計算，並直接與員工的收入連結，按照

079

工作數量與工作品質進行付酬，形成多勞多得、大進步大獎勵、小進步小獎勵、沒進步拿死薪水的利益分配機制。我們建議企業針對不同層級的員工建立分層分類的考核思路。

1. 基層員工

◆ **易量化的職位**

採用績效加薪雙贏模式，薪資推導任務，任務反推能力，以結果為導向，用數據說話，按績效價值創造程度付費。一個員工月度考核指標數量為 5 個，那麼該員工一年有 60 次為自己主動加薪的機會，讓員工做到「我的薪酬我做主」。

◆ **不易量化的職位**

採用選單式績效薪酬模式，將職責內容標準化，進行相應定價，就像餐館裡點菜一樣，員工做什麼工作，拿什麼薪資，促進員工成為多能手，這樣一來，5 個人的工作 3 個人做，拿 4 個人的薪資，提高人效。

2. 管理層

管理層的考核思路可參考基層員工易量化的職位。

第二節　基層員工 C 分 —— 績效分如何設計

● 一、如何運用主基二元法對基層員工實施考核

以下是我們曾經的一個諮詢專案的訪談紀要。

「我們公司的考核指標太多了，指標多了，操作性很差，但是有些指標又很重要，不考核不行，怎麼辦？」某化工公司的 HR 經理苦惱地說。

「比如：業務人員的考核中，有 20 多項衡量指標，剛開始的時候，給每個標準賦予了一定的權重，但是仔細一想，問題很多，如果這樣的話，業務人員最重要的業績指標（如銷售額、銷售毛利、銷售收款、大客戶保留、新產品銷售占比等）就會被別的指標沖淡了。可能導致的結果就是考核成績不錯，而業務人員最重要的業績指標完成得並不好，公司的銷售額、利潤也會因此受到影響。但如果只考核業務人員最重要的業績指標，那麼業務人員根本不會重視別的指標（如市場調查、銷售分析、銷售計畫、促銷活動、產品跑貨[04]、價格執行、市場促銷管理與維護、銷售管道管理、銷售日誌、公司銷售政策執行等），對這些銷售過程的指標不加以控制的話，又會影響重要銷售指標的完成，這樣考核又會流於形式。」

如果你遇到這樣的問題，你認為是什麼原因導致的？你將如何處理這個問題？

工作要抓關鍵、要抓重點，但是不納入考核的工作怎麼辦？

▲ 圖 3-3　績效考核設計困境

主基二元法的主要思想就是將績效考核設計成兩部分，第一部分是「主要績效」，也就是我們所說的重點工作，這些工作透過 KPI 指標來加以衡量。要很好地完成這些指標，要求員工不斷努力工作、不斷提高自

---

[04]　經銷商跨過自身覆蓋的銷售區域而進行的有意識的銷售。

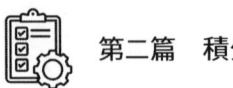

第二篇　積分制實施方案設計篇

己的知識、技能並端正工作態度，它是展現員工績效的重要部分，做得越好，表現就越突出。

第二部分是「基礎績效」，重點工作之外的其他工作表現、工作成果會落在這個範圍之內。基礎績效對主要績效的完成有影響。基礎績效好，對主要績效的完成具有巨大的幫助；基礎績效差，主要績效也好不到哪裡去。

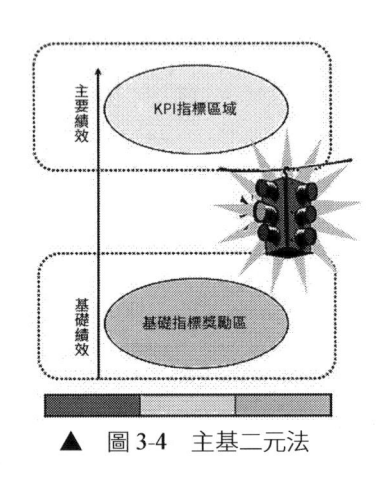

▲ 圖 3-4　主基二元法

針對基礎指標，可採用紅黃綠燈管理思路，如下圖所示。

工作的結果呈現一種遞進的關係	工作獎分區域	■ 工作比以前做得更好，做出了表率，樹立了榜樣，值得提出表揚，工作結果應該給予獎分	綠區：加以鼓勵
	工作加分區域	■ 基礎工作保持在合理要求的範圍內，既不是特別好，也不是比較差，符合要求，工作結果應該給予加分	黃區：可以通行
	工作扣分區域	■ 雷區指標：工作過程中的不良行為、不良結果落在這個區間就要扣分，基礎工作已經不能滿足最基本的工作要求	紅區：禁止發生

▲ 圖 3-5　基礎指標的紅黃綠燈管理思路

將重點工作與基礎工作區別管理,重點工作用 KPI 指標進行考核,基礎工作用扣分、加分、獎分進行管理。

對基礎工作用積分模式進行簡化管理,便於操作,不用擔心影響考核者和被考核者的精力和情緒,而且基礎工作可以月月考、天天考,時刻鼓勵優秀和鞭策落後,另外,基礎工作用紅黃綠三色區進行管理,填補了 KPI 指標牽引遺留下來的管理空白。

● 二、績效考核結果如何與積分結合

考核結果與積分結合的模式有兩種,企業可以根據實際情況選擇合適的連結模式。

第一種:將考核結果等級或分數與積分結合,根據不同等級或分數,設定不同的分數標準,如下表所示。

表 3-2 積分與績效等級結合

月度績效 C 分的規則		
等級符號	考核等級	績效積分(分)
S	卓越	1000
A	優秀	800
B	良好	600
C	合格	200
D	需改進	-200
備註說明	適用於參與績效考核人員(入職或轉職一個月以內的人員不參與考核)	

表 3-3 積分與績效考核分數結合

月度績效 C 分的規則					
考核得分(N)	≥ 95 分	95 分 >N ≥ 85 分	85 分 >N ≥ 70 分	70 分 >N ≥ 60 分	<60 分
積分標準(分)	1000	800	600	0	-200
備註說明	適用於參與績效考核人員(入職或轉職尚一個月以內的人員不參與考核)				

第二種：將每一個考核指標與積分結合，根據指標的完成情況設定不同的積分標準，如下表所示。

表 3-4　積分與每一個考核指標結合

業務人員銷售額 C 分規劃					
銷售成長率	當月實際成長率≥50%	40%≤當月實際成長率<50%	30%≤當月實際成長率<40%	20%≤當月實際成長率<30%	0<當月實際成長率<20%
積分標準（分）	500	400	300	200	100
備註說明	僅業務人員有銷售額積分 （入職或轉職尚一個月以內的人員不參與考核）				

每個職位的價值貢獻有差異，如何在積分標準中進行差異化設計，既展現職位價值，又能讓操作更加簡便？歡迎讀者與我們共同探討交流。

三、基層員工工作過程管理如何與積分結合

好的過程是好的結果的重要條件，對於基層員工，管理者應該要狠抓過程，落實細節，讓員工根據工作要求及標準完成相應的工作。企業在實際操作中通常用日報、週報、月報的形式進行工作管控。我們來詳細講一下如何操作。

1. 日報—反思與總結，從日報開始

寫日報看似是工作中的一件小事，但是可以展現管理者的管理能力。管理無小事，讓員工提交日報，其實是管理者們希望透過員工的日報總結，快速了解員工的工作情況，發現存在的問題，並及時給予支持和指導。對於員工本身而言，日報可以幫助他們進行每天的總結和反思，及時覆盤。

那麼管理者究竟要如何在工作中落實好員工的日報呢？筆者根據實踐經驗總結整理了管理者落實好員工日報的「3W ＋ 1H」，助力管理者落實好員工的日報，並為員工的日報內容提供方向。

(1) 為什麼要寫 (Why)

作為管理者，我們需要跟員工說清楚寫日報的重要意義和必要性，而不是簡單地布置任務，管理者自己也要明白日報的意義所在。關於為什麼寫日報，可以從兩個層面來分析。

◆ **員工層面**

自省的精神，歷來為古人推崇。曾子說「吾日三省吾身」，要求每天多次自覺省察自己；孟子提出「反求諸己」，要在自己身上尋找原因；朱熹在《四書章句集注》中說「日省其身，有則改之，無則加勉」，意思是每天都要做自我檢查，有錯就改正，沒錯就當自我勉勵。

可見，「自省」是多麼重要。任何人生來都有缺點，但是透過不斷自省和學習可以讓自己更上一層樓。具體來說，從員工層面，寫日報有三大意義：

- 總結反思，積累經驗。寫日報的過程可以思考如何把工作做得更好，進行個人沉澱和累積，還可以幫助員工查缺補漏、自我盤點，透過文字的記錄讓自己看到自己成長和進步的點點滴滴，給自己信心和鼓勵。
- 回饋問題，得到幫助。員工可以把在當天工作中遇到的問題和困惑呈現在日報裡，管理者能夠及時看見並提供幫助。
- 互相借鑑，彼此賦能。很多員工在日報裡呈現的經驗和失敗的教訓非常值得部門其他同事學習和借鑑，彼此賦能，從而加速自己的成長。

不積跬步，無以至千里；不積小流，無以成江海。任何事情都難在開始，難在突破。每天堅持寫日報，一年以後，再回望這一年的成績，你會發現，這是充實的一年。

◆ **管理者層面**

從管理者的角度看，寫日報也有兩大意義：

- 有序推進，掌控全域性。部門整體工作需要團隊的每位成員分工合作才可以完成。日報是事前管理的最好抓手，能夠掌握每個員工的工作進度，及時改正，有序推進工作計畫，確保部門整體工作目標的達成。
- 輔導員工，賦能成長。透過日報，及時發現員工的缺點和不足，及時輔導員工，提出改進建議和方法，幫助員工成長，同時及時掌握員工的狀態和情緒，進行關心和疏導，避免問題的發生。

(2) 什麼時間寫（When）

英國哲學家培根曾說過：「合理安排時間，就等於節省時間。」如果員工遲交日報，管理者沒有採取管理措施，管理者對待這件事情的要求就會在員工心中發生變化。慢慢地，員工心裡就會想：主管讓我寫日報，我不按時交他也不管，看來主管也是走形式主義，根本不重視日報。就這樣，一開始定的規矩沒了，一份有重要意義的日報寫著寫著就「沒」了。

作為管理者，想要利用日報做好團隊管理，務必要重視日報提交這一環節，即提交日報中對於時間的要求。

(3) 寫什麼（What）

日報到底要寫什麼？怎麼寫才能真正發揮作用？經過多年的企業實踐和管理顧問經驗，筆者總結了以下日報內容框架，供大家學習和借鑑。

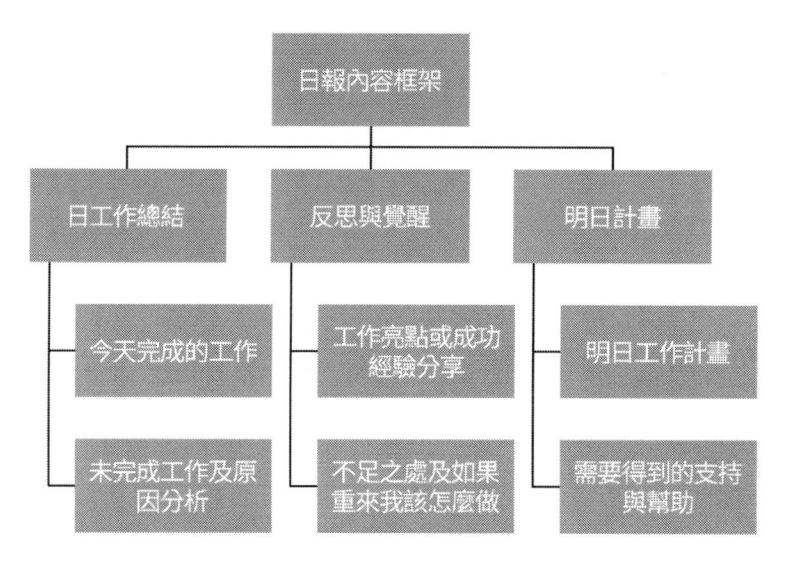

第三章　分層分類績效分（C分）方案設計

```
                    日報內容框架
            ┌───────────┼───────────┐
        日工作總結      反思與覺醒      明日計畫
        ┌───┴───┐    ┌───┴───┐    ┌───┴───┐
    今天完成的工作  工作亮點或成功   明日工作計畫
                    經驗分享
    未完成工作及原  不足之處及如果   需要得到的支持
    因分析         重來我該怎麼做   與幫助
```

▲　圖 3-6　日報內容框架

具體日報模板，可參照以下表格：

表 3-5　日報模板參考

當日工作總結			
序號	工作計劃	完成標準	完成情況與總結	自我評價
未完成工作原因分析
反思與覺醒
1. 工作亮點或成功經驗分享：
2. 不足之處及如果重來應該怎麼做：

087

次日工作計畫			
序號	工作計畫	完成標準	需要的協助

(4) 如何將日報管理與積分激勵結合（How）

讓員工長期堅持寫日報，制定相應的日報標準、日報考核和獎懲措施，是必不可少的。對日報提交的及時性、日報品質進行紅黃綠燈積分評價，作為過程分激勵，具體見下表。

表 3-6　日報管理的紅黃綠燈積分評價

積分項目	基礎分值	紅區	黃區	綠區
日報完成的及時性	5 分	沒有準時完成，扣 10 分	準時完成，加 10 分	／
日報完成品質	10 分	不依格式規範提交，資料有誤，沒有經驗總結，扣 15 分	依規範格式提交，資料無誤，有經驗總結，加 15 分	經驗總結給其他同事學習和借鑑，晨會分享，獎 30 分

對於及時寫日報、日報品質達到或者超出預期標準的員工，管理者需要給予認可，透過積分進行展現，讓他們繼續保持積極性。對那些把日報視為負擔而敷衍了事的員工，進行積分處罰，這樣就在積分上把積極和敷衍兩種行為拉開差距。對於日報積分高的，部門內部可以設定獎項進行激勵，還可以另外獎勵積分作為激勵。同時對優秀的日報管理者還可以透過積分打賞的形式進行鼓勵和認可。

部門管理者還可以將優秀的日報分享給部門內部其他員工進行學習，使優秀經驗和失敗教訓能夠得到借鑑。把做得好的人作為標竿，讓

部門內部同事進行學習，一定程度上對當事人也會產生激勵作用。另外管理者在部門會議或工作場合對其言語和行為上的鼓勵也很重要，時常給員工一句表揚或一個讚許的眼神，這些都會帶來很好的激勵效果。

2. 週報─階段性目標覆盤與管理

1984 年的東京國際馬拉松邀請賽，名不見經傳的日本選手山田本一出人意外地奪得了世界冠軍。當記者問他憑藉什麼取得如此驚人的成績時，他說了這麼一句話：「憑智慧戰勝對手！」當時許多人都認為他在故弄玄虛。兩年後，義大利國際馬拉松邀請賽舉行，山田本一代表日本參加比賽。這一次，他又獲得了世界冠軍。記者又請他談經驗。山田本一性情木訥，不善言談，回答的仍是上次那句話：「用智慧戰勝對手。」這次記者在報紙上沒再挖苦他，但對他所謂的智慧迷惑不解。

10 年後，山田本一在自傳中說：「每次比賽之前，我都要乘車把比賽的路線仔細地看一遍，並把沿途比較醒目的標誌畫下來，比如第一個標誌是銀行；第二個標誌是一棵大樹；第三個標誌是一座紅房子……這樣一直畫到賽程的終點。比賽開始後，我就以跑百米的速度奮力地向第一個目標衝去，到達第一個目標後，我又以同樣的速度向第二個目標衝去。40 多公里的賽程，被我分解成這麼幾個小目標就輕鬆地跑完了。起初，我並不懂這樣的道理，我把我的目標定在 40 多公里外終點線上的那面旗幟上，結果我跑到十幾公里時就疲憊不堪了，我被前面那段遙遠的路程給嚇倒了。」

心理學家得出了這樣的結論：當人們的行動有了明確目標，並能把自己的行動與目標不斷地加以對照，進而清楚地知道自己的行進速度和與目標之間的距離，人們行動的動機就會得到維持和加強，就會自覺地克服一切困難，努力達到目標。要達到最終目標，就要像上樓梯一樣一

步一個臺階,把大目標分解為多個易於達到的小目標,腳踏實地向前邁進。每前進一步,達到一個小目標,就會體驗到成功的喜悅,這種感覺將推動其充分調動自己的潛能去達到下一個目標。

週報就是對月度目標計畫的拆解,制定週度階段性目標,經過週度執行後進行驗證,最後透過覆盤和回顧,調整下一週的階段目標和計畫,為保障整個月度目標奠定堅實的基礎。

與日報管理一樣,我們按照「3W + 1H」闡述如何落實週報,讓週報真正發揮其重要作用。

(1) 為什麼要寫(Why)

對於管理者,透過週報可以掌握目標進度,確保主航道一致並對員工進行輔導,如果員工目標和任務偏離部門目標和工作任務,應該及時和員工溝通。而且,管理者要做的不僅是對自己上週的工作進行覆盤,還需要組織員工對上週的工作進行覆盤。覆盤是一個追根溯源的客觀過程,不需要加以潤色,將真實的問題展現出來,有利於改進工作,將成功的經驗固化下來,完成知識沉澱。

對於員工來說,可以透過寫週報明確自己的目標,有了目標才知道自己前進的方向。目標也不是隨意寫的,而是要從實際出發,將部門目標分解到自己身上,需要做到什麼程度才能保證部門目標的實現,只有力出一孔的目標才是有意義的。透過週報還可以進行總結覆盤、發現問題、及時改正。員工可以覆盤對哪裡進行調整才可以做得更好,如果重來一次,該如何做;有哪些成功的經驗可以推廣,讓更多的夥伴借鑑。

(2) 什麼時間寫(When)

在日報中筆者已經說明了對時間關注的重要性,這裡不再贅述。筆者以前在企業一般要求週報在當週下班前完成。筆者在週末可以看每一

個員工的週報，有充足的時間對週報進行回覆，有些需要重點溝通的，會在週一晨會上或者單獨找時間與員工進行溝通，以達成與其在週度目標和任務上的同頻。

(3) 寫什麼 (What)

經過多年的企業實踐和管理顧問經驗，對週報到底怎麼寫，筆者總結了以下內容，供大家學習和借鑑。

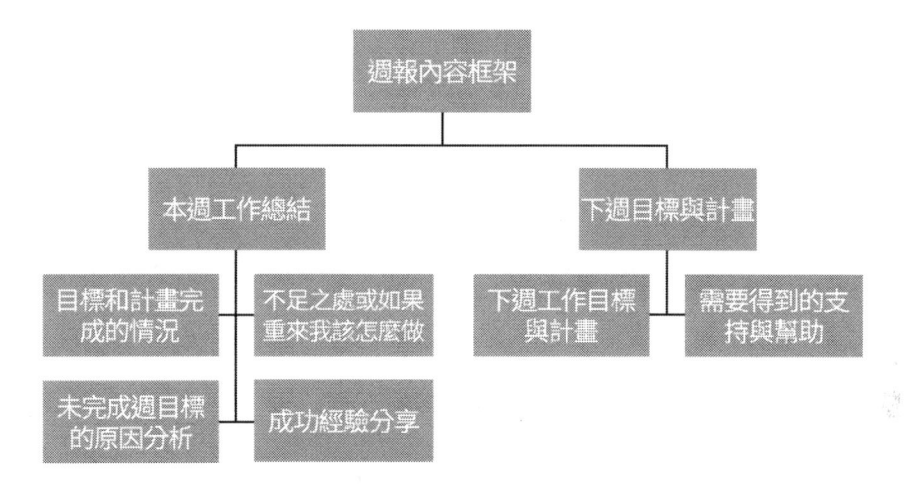

▲ 圖 3-7　週報內容框架

具體週報模板，可參照以下表格：

表 3-7　週報模板參考

一、週度計畫與總結							
(一) 週度目標及行動計畫完成情況							
項目	月度目標	週度階段目標	具體行動計畫及完成標準	目標完成情況	計畫完成情況	自我評估	上級評價
1							
2							
3							

一、週度計畫與總結

（一）週度目標及行動計畫完成情況

項目	月度目標	週度階段目標	具體行動計畫及完成標準	目標完成情況	計畫完成情況	自我評估	上級評價
4		主管臨時安排任務					
5							
合計							

希望得到的幫助：

（二）未完成週目標原因分析及改善行動

序號	目標差距	未完成原因分析	改善行動
1			
2			
3			

本週不足之處總結（重來一次該怎麼做）：

（三）本週成功經驗及失敗教訓總結：

二、溝通面談部分（上級回饋）

本週工作亮點：	改善方向：

(4) 如何將週報管理與積分激勵結合（How）

　　週報是過程積分考核的重要部分。週報中可以對具體工作任務賦予一定的分數，管理者可以針對階段目標和行動的完成情況進行紅黃綠燈積分評價，從而得到每個行動計畫的實際分值，累加即為當週週報的總分值。也可以按照百分制評價匯總得分，最後評定 S、A、B、C、D、E 等級，對每一個等級制定積分標準，這樣就可以將週報分數納入過程積分。

　　管理者還需要向員工進行回饋，對員工的工作亮點進行提煉和表揚，對員工的不足及時指正，表達關心，希望其改進。必要時，採用抓

兩頭帶中間的策略，針對優秀員工和表現較差的員工進行面談或者在週度會議上進行表揚和檢討。

3. 月報—制定策略和計畫，突破目標

哈佛大學曾有一個著名的關於目標對人生的影響的調查。調查結果顯示，3%的人有著清晰的長期目標，他們朝著目標不懈努力，最終成為社會各界的頂尖人士；10%的人有著清晰的短期目標，他們大多處在社會的中層，不斷達成短期目標，生活狀態穩步上升；27%的人沒有目標，他們大多生活在社會的最底層，生活過得不如意，常常失業，靠社會救濟，並常常抱怨他人和社會；60%的人目標不清晰，他們大多生活在社會的中下層，能夠安穩地生活與工作，但似乎都沒什麼特別的成就。

有目標的人與沒有目標的人一定是不同的狀態：

- 有目標的人永遠處於奔跑狀態，沒目標的人總處於流浪狀態；
- 有目標的人總是睡不著，沒目標的人天天睡不醒；
- 有目標的人總是在全力以赴，沒目標的人總是在全力應付；
- 有目標的人從不找退路，沒目標的人總在找理由；
- 有目標的人在心中永存感恩，沒有目標的人天天在抱怨；
- 有目標的人內心很安寧，沒目標的人內心總是茫然。

在大海航行沒有指南針怎能到達終點？目標對人生有著巨大的導向性作用，選擇什麼樣的目標，就會有什麼樣的成就，好的結果是設計出來的。

筆者根據多年的企業實踐和管理顧問經驗，總結出落實月報的「12345法則」，幫助管理者對員工月報進行管理。

第二篇　積分制實施方案設計篇

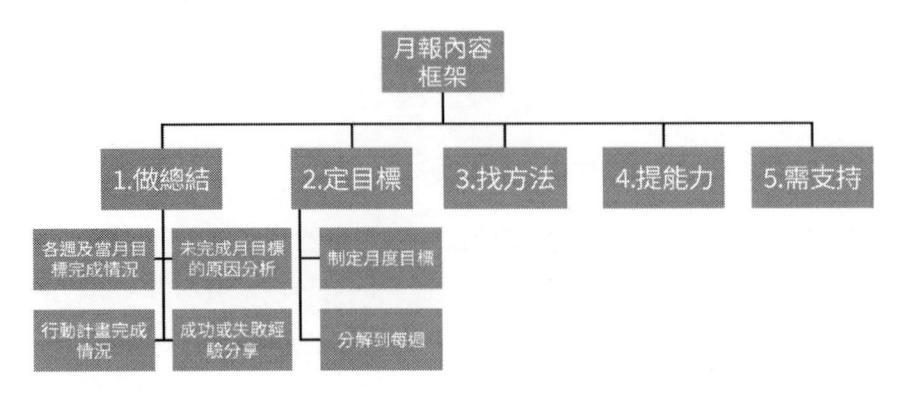

```
                    月報內容
                     框架
    ┌────────┬────────┼────────┬────────┐
 1.做總結  2.定目標  3.找方法  4.提能力  5.需支持
  ┌──┴──┐   ┌──┴──┐    │
各週及當月目 未完成月目標 制定月度目標
標完成情況  的原因分析
行動計畫完成 成功或失敗經 分解到每週
情況      驗分享
```

▲　圖 3-8　月報的「12345 法則」

企業月報使用的頻率較高，下面詳細介紹月報的內容框架。

(1) 做總結

各週及當月目標完成情況：對每週的目標完成情況和當月總的目標完成情況進行總結，有資料的列出相關資料，沒有資料的可以列出關鍵步驟。有些員工會說，這樣會不會累贅，總結月度目標不就可以了嗎，為什麼還要總結週度目標的完成情況？我們知道，有可能某一週的目標沒有完成，月度總體目標完成了，透過資料分析可能會發現實現目標過程中的措施哪些是有用的，哪些是沒有用的，找到經驗，加以總結和提煉，形成經驗沉澱。

行動計畫完成情況：針對月度目標制定的行動計畫，哪些完成了，哪些沒有完成，或者在中途調整了哪些計畫，現在完成得如何。這個總結不是按照自己的想法表述自己這個月做了什麼，沒做什麼，而是針對目標和當初的計畫。這個總結的目的就是分析月初制定的為了達成目標所採用的策略和行動是否可行，下個月是否要優化調整或者要加碼執行。

未完成月目標的原因分析、成功或失敗經驗分享跟週報類似，在前文已經闡述，這裡不再詳細描述。

(2) 定目標

制定月度目標：目標不是想法或是夢想，夢想可以形象化概括和描述，目標必須具體化和可衡量。具體來說，制定月度目標要符合 SMART-BCC 的原則，SMART 大家都熟悉，在此不再描述，下面我們看看 BCC 原則：

◆ B（Benchmarking）：標竿對照

標竿對照的意思是制定目標的時候要參考外部競爭對手或內部優秀員工的資料。如果外部競爭對手在某一個關鍵指標的目標值上遠遠超過我們，我們制定目標時就不能故步自封，如果趕不上或者無法超過競爭對手，我們失去的就是客戶訂單，那員工定的目標還有何意義？

另外，管理者可以為員工樹立一個內部標竿，在定目標時，員工可以把這個「標竿」作為最高目標。榜樣的力量是無窮的，只有這樣員工才能超越自己，工作才會有創新和顛覆。目標是用來突破、超越的，只有在制定目標、超越目標的過程中，才能實現自我的超越。

◆ C（Challenging）：挑戰性

挑戰性是指目標的制定要跳一跳才能搆得著，不能是伸手就搆著了。目標的制定要讓員工有安全感，但不能有安逸感。目標的制定肯定是要在歷史資料的基礎上加碼的。例如：企業的品質合格率、客訴率這些關鍵指標，一定要展現組織進步的聲音，絕不能停滯不前。企業不進步，競爭對手在進步，對企業來說就是退步。

◆ C（Customer Oriented）：客戶導向

客戶導向是指目標的制定要考慮客戶的需求，站在客戶的角度思考自己應該達成什麼樣的要求。

第二篇　積分制實施方案設計篇

曾經有個來諮詢的事業部總經理跟我們抱怨：「採購部的考核結果每個月都很好，績效獎金沒少發，但生產總是停工、換線待料，對生產效率的影響很大。」我追問採購部考核什麼指標時，他回饋採購部的考核主要指標有成本降低率、採購物料及時入庫率、採購合格率。我當時就對他提出問題，採購部的指標沒有站在客戶角度提取，由於物料問題造成的停工、換線工時浪費沒有納入考核指標。及時入庫哪怕是 99%，但是內部客戶都不滿意了，那這些指標又有何意義呢？

所以在制定目標時，要考慮客戶的需求和感受。不僅是外部客戶的要求，內部客戶的合理需求也要重點考慮，不能站在自己的立場沾沾自喜，自己說自己好沒用，客戶說好才是真的好！

管理者在收到員工的月報時，要仔細查檢查員工的目標是否符合 SMART-BCC 原則，如果不符合，可以跟員工就目標進行詳細溝通，以達成一致。

分解到每週：員工不僅要定目標，而且需要將目標分解到每週，形成階段性目標。進行這個步驟的目的是讓員工掌握實現目標的節奏，對目標的可行性做再次評估和確認。

1952 年 7 月 4 日清晨，美國加利福尼亞海岸籠罩在濃霧中。在海岸以西 33.6 公里的聖卡塔利娜島上，一位 34 歲的女性躍入太平洋海水中，開始向加州海岸游去。要是成功的話，她就是第一個游過這個海峽的女性。這名女子叫佛蘿倫絲・查德威克。在此之前，她是第一個游過英吉利海峽的女性。在向加州海岸游去的過程中，海水凍得她全身發麻；霧很大，她連護送她的船幾乎都看不到。時間一個小時一個小時地過去，千千萬萬人在電視上看著。有幾次，鯊魚靠近了她，幸而被人開槍嚇跑了。她仍然在游著。

15 個小時之後，她又累又冷，知道自己不能再游了，於是就叫人拉她上船。她的母親和教授在另一條船上。他們都告訴她離海岸很近了，

叫她不要放棄。但她朝加州海岸望去，除了濃霧什麼也看不到。她不假思索地對記者說：「說實在的，我不是為自己找藉口。如果當時我能看見陸地，也許我能堅持下來。」但是，人們拉她上船的地點，離加州海岸不足1公里！只是這一次她沒堅持到底。兩個月之後，在一個晴朗的日子，她成功地游過了同一個海峽。

透過上面的故事，我們悟出了什麼道理呢？把目標分解，從年到月，從月到周，從週到天，目標合理分解後，員工才不會迷茫，也不會當一天和尚敲一天鐘，這樣可以讓員工看到希望，看到前進的動力，實現目標的機率就會更大！

(3) 找方法

不要想達成目標的困難，不然熱情還沒點燃就先被恐懼打消念頭了。員工對於目標都是恐懼的，如何消除恐懼呢？就是有實現目標的路徑和方法。所以在制定月度工作目標後，就如何實現目標，員工要進行整理，必須找到目標達成的策略、方法、路徑。目標沒有方法支撐等於沒有目標。

作為管理者，需要幫助員工找到每個月的打法，畢竟管理者看問題更有高度，工作經驗比員工要豐富，可以幫助員工共同整理打法。管理者也需要注意輔導員工的方式方法，大家要知道，員工對於自己想到和承諾的事，執行力度都會更高，對於主管強壓安排的工作，很多員工從心裡會牴觸，執行力度就會減弱。在這個溝通過程中，管理者可以採用引導式溝通方式，不是為員工找答案，而是引導員工自己想出、說出答案。筆者建議管理者在引導技術和教練技巧方面應該加以修練。

(4) 提能力

這方面往往是很多企業忽略的地方，外部環境在變化，客戶要求在變化，知識結構也在變化，企業員工必須保持學習的熱忱，這樣才不會

落後。員工結合自身的工作任務及上一週期目標的完成情況，分析自己需要在哪些方面提升，從而給自己提出學習提升計畫。管理者也要引導員工，讓員工有「自知之明」，不進則退是亙古不變的定律。

(5) 需支持

員工根據制定的目標和行動計畫，提出需要部門管理者給予的支持和幫助，這裡包括需要的培訓、流程的優化、其他部門員工的配合等。因為很多資源只有管理者才可以調配，所以在這裡提出來，以便管理者第一時間幫助員工掃除實現目標過程的各種障礙。

以上就是月報管理的「12345 法則」，只有偉大的目標才能產生偉大的動力，管理者可以透過以上方法落實團隊的月報，讓工作更富有成效，幫助員工超越目標，實現自我突破。與日報、週報一樣，管理者在落實員工月報過程中，運用積分對月度工作任務進行紅黃綠燈評價，按照匯總分數或者確定等級（S、A、B、C、D、E）確定積分。

四、員工基礎職責要求如何與積分結合

1. 基礎職責管控

根據員工職位職責描述，將沒納入績效考核但對績效考核結果又有一定影響的職責列為積分管控項目，按紅黃綠燈模型進行積分評價（參考前文介紹的主基二元法考核模式）。例如：財務部員工對於基礎的封包檔需要及時、準確地提交給管理者，管理者才可以完成公司級財務報表的輸出。這項工作太基礎，沒有放入績效考核指標體系中加以管控，因此員工往往不重視，但是對於部門資料的匯總提交又非常重要，那就可以將這項工作納入積分管控。對封包檔的及時性和準確性進行積分評價，從而讓員工更加重視這項工作。

2. 過程改正管控

將工作中經常出錯、出現問題頻率比較高的事項列為積分項目進行管控，按紅黃綠燈模型進行積分評價。例如：很多公司有 ERP 系統（企業資源計劃），係數資料準確性非常重要，BOM（物料清單）操作職位錄入資訊錯誤將對後續工作造成很大影響，這個項目就可以納入積分管控範圍，每發生一次錯誤扣多少分，沒有錯誤獎多少分，用積分引導該職位員工確保重要資料的準確性。

五、基層員工學習成長如何與積分結合

管理者要根據員工的績效結果和過程發現員工的短處，幫助員工制定相應的能力提升計畫，並賦予相應的分值，根據員工學習應用情況進行紅黃綠燈評價。大家可以參考後面積分軟體介紹章節的相關內容。

第三節　管理層 C 分 —— 績效分如何設計

一、想做的事情很多，可用的人才很少，怎麼辦

從管理的角度來說，「高層管理者，做正確的事；中層管理者，正確地做事；執行層人員，把事做正確」。中層管理者作為企業的樞紐，不僅承擔著實現績效與執行決策的重任，還要做好基層管理者和高層之間的溝通工作，既要承上啟下，又要獨當一面。很多企業管理者和專家學者把企業的高層領導比喻為「頭部力量」，把基層團隊比喻為企業的「腿部力量」，而把中層幹部比喻為企業的「腰部力量」。

有調查表明，企業能否保持良好持續的發展，關鍵的因素並不在於「頭部力量」和「腿部力量」，而是取決於「腰部力量」。一般公司高層領導的能力還是不錯的，能夠理解老闆的策略意圖，並轉換成相應的行

第二篇　積分制實施方案設計篇

動。但往往問題就出現在「腰部」，中層既是公司管理的中堅力量，也是普通員工的直接管理者，既有決策者的職責，也負有執行層的任務，他們的思想意識、能力水準、責任心等因素，往往決定了一個部門或一家公司是否能夠持續發展。

然而，許多組織都存在「腰部力量薄弱」的現象。一家企業如果「腰」不好，「頭」和「腿」再好，那也「站不了」，就更別說「跑得快」了。然而，當下許多圈內人士把企業的「腰部力量薄弱」的現象稱為「腰虛」。很多企業嘗試用各種方法來提升中層幹部的能力和開闊其視野。下面我們來看看阿里巴巴是如何培養管理幹部的。

阿里巴巴認為，一個管理者需要具備的三項最核心的能力是「眼界」、「胸懷」、「心力」。如何具備這三項能力？這就是傳說中阿里巴巴的管理三板斧 ──「揪頭髮」、「照鏡子」和「聞味道」。

透過「揪頭髮」來鍛鍊一個管理者的「眼界」。「揪頭髮」就是把自己往上拽，培養全域性思考和向上思考的能力，避免部門牆[05]，從公司全域性和更長遠的發展高度考慮組織中發生的問題。

透過「照鏡子」來修練一個管理者的「胸懷」。這裡的胸懷並非「大肚能容天下事」，而是指管理者需要透過「上通下達」推動企業與組織的發展，以自己為鏡，做別人的鏡子，以別人為鏡子，完善自我。

透過「聞味道」來修行一個人的「心力」。任何一個團隊的氛圍，其實都是管理者的「味道」的一種展現與放大。一個管理者的「味道」，就是一個團隊的空氣，無形無影，但無時無刻不影響著每一個人思考和做事的方式，尤其影響團隊內部的合作以及跨團隊之間的合作。這種心力其實也是幹部扛挫折的實力，馬雲認為，「領導者是一定要犯過錯誤的，三七開，有30%失敗、有70%成功的人」。

---

[05]　指企業內部之間阻礙各部門、員工之間資訊傳遞、工作交流的一種無形的「牆」。

二、中層幹部如何透過積分管理建立起工作要求

結合以上描述，綜合我們的管理顧問經驗，針對中層管理人員，我們從以下四個維度的工作要求建立對應的積分標準。

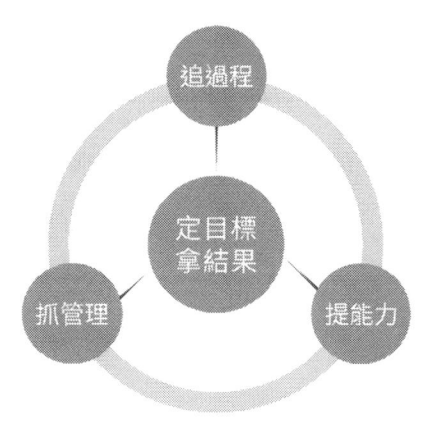

▲ 圖 3-9　針對中層的工作要求

1. 定目標、拿結果

管理層要清晰自己所帶領的組織應該為企業創造什麼樣的價值貢獻，在企業策略和經營目標分解的基礎上，結合所管理部門的職責，制定清晰的目標，並帶領團隊克服困難，努力達成目標結果。

2. 追過程

推動管理者關注過程，緊抓實現目標的關鍵路徑和任務，確保努力方向一致，為實現目標奠定堅實的基礎。

3. 抓管理

管理者不是個人貢獻者，而要帶領團隊實現目標，作為一個部門的管理者，不僅要精通業務，更要會管理、懂領導，要能帶出一支能打

仗、打勝仗的優秀團隊。所以管理者要完成身分的轉換，抽出更多的時間做管理。

4. 提能力

現在企業的發展不能僅依靠董事長，雖然董事長有高瞻遠矚的願景和策略，但企業的發展速度取決於整個管理團隊。一支優秀的管理團隊需要具備格局和高度，理解、認同董事長的策略思想，了解企業營運本質和企業營運價值鏈的各個關鍵環節，不僅需要不斷精進自身專業，而且需要掌握團隊建設與管理的方法和工具，激發整個團隊潛力，發揮員工的真正價值。如果各個領域的管理團隊都能如此，企業將煥發無窮生機和活力。

三、聚焦定目標、拿結果 ── 中層幹部的考核結果如何與積分結合

中層幹部績效考核結果與積分結合的方式，和員工績效考核與積分結合的方式相同，一種方式是與整體考核結果結合，根據等級設定積分標準，另外一種方式是根據單一指標完成的目標區間設定不同的積分標準，不同的企業可以參考不同模式加以運用。具體可以參考前文中員工考核結果與積分結合的方式。

四、追過程 ── 中層幹部過程管理如何與積分結合

1. 為什麼要對中層管理人員實施過程管理？

偉大的目標都是從簡單的行動開始的，常規的方法只能帶來常規的績效，創新的方法才能帶來突破性成長。在企業實踐過程中，中層發揮承上啟下的作用，公司將策略目標分解到中層幹部，中層幹部是實現分

解目標的關鍵環節。有了清晰的目標遠遠不夠，更重要的是清楚實現目標的措施和方法。所以加強中層的過程管理，主要是推動中層幹部想清楚如何達成目標。

在推動中層幹部制定完成目標的策略和行動時，要打破企業內部傳統的思維模式，主要從以下三個方面進行轉變：

(1) 從負向思維轉向正向思維，從「不可能」到「找方法」

我們去過很多企業，牆上都貼著類似「請帶著方案來溝通」的字樣，企業希望員工能想清楚問題，而不是僅提出問題，更要對如何解決問題做出自己的思考。針對企業的中層幹部，不能是「不可能，沒辦法，做不到」，凡事都要有兩種以上的解決方案，所以企業的發展更需要幹部說「方案一，方案二，我認為」，聽取完上級的意見後，完善方案，快速行動。

(2) 從外向思維到內向思維

我們在管理過程中發現一個現象：工作積極、主動找方法的員工能力提升很快，凡事都在等待上級安排的員工成長很慢，即解決問題難度越高，能力成長速度越快。所以企業需要推動中層幹部主動思考問題和解決問題，這樣中層幹部的能力才能越來越強，才能匹配企業未來的發展要求。

(3) 控制過程，締造成果

任何偉大的目標都是透過行動實現的！管理幹部需要針對具體的目標，組織員工對現狀和存在的問題進行分析，找出關鍵原因，並制定策略、措施，細化具體的行動計畫，這樣對目標完成才會做到心中有數。

在實踐中，企業可以要求每個管理幹部制定季度、月度關鍵行動計畫，上級主管根據其提交的關鍵行動計畫可以看出下屬對目標的實現過程是否做到三個到位：問題分析是否到位，關鍵措施是否到位，標準檢

驗是否到位。只有做到這三個到位，目標才能真正實施，目標實現的可能性才會更大！

2. 中層過程管理如何與積分相結合？

在實際操作中，企業一般要求中層幹部提交日報、週報、月報，具體的方法在員工工作過程管理中已經詳細描述，這裡不再贅述。管理者日報、週報、月報的主要區別在於，管理者在各項報告中要把員工培養與發展、制度流程優化改進等組織建設工作納入報告範圍，進行總結和匯報。

五、抓管理 ——
中層幹部的通用型管理要求如何與積分結合

筆者曾經在一家上市公司做積分管理項目，對於中層幹部，經過我們的調查研究和高層訪談，透過總結和提煉，我們從以下四個方面分別制定了相應的積分項目和標準，把公司上百個中層幹部統一管理起來。我們後期在其他公司也進行了實踐，回饋效果良好，筆者將這個框架分享給大家，希望能開啟大家的思路，可以結合企業的情況加以優化、調整，能夠對激發、管理中層幹部產生相應的作用。

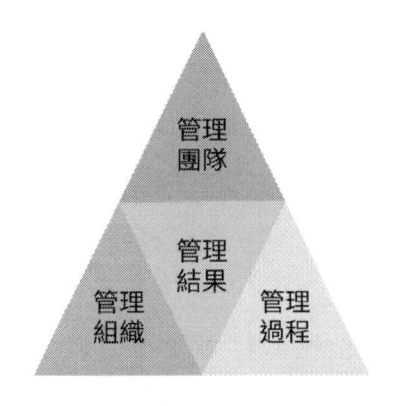

▲ 圖 3-10　對中層幹部管理要求的積分設計

1. 管理結果

管理結果是將中層幹部的績效考核結果或者企業非常關注的個別目標完成結果等企業對管理者在貢獻結果方面的要求納入積分管控範圍。

2. 管理過程

管理過程是將公司月例會督辦工作、各項報告、專項工作等對中層幹部的績效目標實現有關鍵影響的事項納入積分管控範圍。

3. 管理團隊

管理團隊是將員工流失、團隊培養等企業對管理者在團隊管理方面的貢獻要求納入積分管控範圍。

4. 管理組織

管理組織是將包括制度流程優化等企業對管理者在組織建設方面的要求納入積分管控範圍。

六、提能力 ——
中層幹部的能力提升如何與積分結合

有太多公司管理團隊的能力需要提升，特別是中小企業的管理團隊，很多是跟隨公司發展而成長起來的，沒有經歷過其他規範企業的磨練，專業和團隊管理能力都是自己在工作中摸索出來的，缺少成熟的、規範的職業化及專業化訓練，能力亟須提升。

我們曾經在一家上市公司做積分管理顧問專案，發現這家上市公司連管理團隊的基本培訓課程規劃都沒有，更談不上能力發展體系了。針對這個情況，我們當時要求管理者能力提升從最基本的環節開始，每月

讀一本書，由上級指定與工作相關的書籍，根據完成情況制定相應的積分標準，如下表所示。

表 3-8　管理能力提升的紅黃綠燈積分模型

積分項目	子積分項目	備註說明	紅區	黃區	綠區
能力提升	每月一本書	1. 與工作職責相關的書籍，並得到直屬上級認同； 2. 分享 PPT 資料，提交企管部； 3. 分享圖片發送至公司中層主管 LINE 群組。	未提交 PPT 資料分，扣 100 分	提交 PPT 資料，獎 30 分	部門週或月度例會分享，每次加 50 分（時間為 30～60 分鐘）

如果公司有培訓規劃或者有較為成熟的能力發展體系，可以根據每年管理團隊需要學習的課程內容及評估方式進行積分轉換。根據每門課程或能力項目，通過評估後給予一定的積分，未通過評估者扣分，表現突出者獎分。

第四章　部門管控分（K 分）方案設計

第一節　部門積分 K1 分方案設計

● 一、為什麼要設計部門積分 K1 分

A、B、D、E 分都是公司統一評分標準，對所有人都是一樣的標準，C 分是針對不同職位設定的績效分積分標準，但是每個部門的工作性質不同，管理方式不同，不同管理者的管理風格也會不同。在部門積分模組設定上，管理者可以根據自身管理需要，針對不同的部門設定不同的積分項目，靈活管理，有利於制度有效實施和激發員工，為達成部門業績目標助力。

● 二、部門積分 K1 分可以用於哪些方面

第一，部門統一的制度、規範和要求。部門管理者針對部門所有員工制定統一的制度、規範和要求，這是為了更好地實現部門內部管理，使員工行為朝著管理者期待的方向發展，對員工行為進行牽引和約束。這塊類似於 A 分模組，不同點在於一個是針對公司，一個是針對部門。

第二，實際業務管理。根據工作性質，對員工的工作任務進行積分管理，如設備維修部門的員工，根據維修任務的難度、設備的類型不同，可以設定不同的積分標準，員工可以進行搶單完成設備維修任務，再根據維修時間、品質進行評價，最後得出此項維修任務的實際積分。積分額度多少就能反映員工的工作數量和工作品質，可以作為薪資調整、獎金發放的依據。

第三，任職資格等級晉升。根據員工職業發展通道，將任職資格標準拆細，變成積分項目，將以前統一一次性評價拆分到日常工作中，完成一項內容即可提交舉證材料，完成評價獲得積分，積分達到規定要求後，即可獲得任職資格晉升。

三、部門積分 K1 分管理案例

1. 某企業生產部門積分管理案例

表 4-1　某企業生產部門積分表

積分項目	細項	基礎分值	扣分	加分	獎分
考勤	低於 20 天出勤	5 分	3 分／次	／	／
	全勤	5 分	／	／	5 分
	加班	1 分	／	／	1 分／小時
違規違紀	違規行走、停車	5 分	5 分／次	／	／
	違規操作	5 分	5 分／次	／	／
	不穿工作服	5 分	5 分／次	／	／
	打鬧、影響他人	5 分	5 分／次	／	／
	擅離職守	5 分	5 分／次	／	／
	睡覺	5 分	5 分／次	／	／
	玩手機	5 分	5 分／次	／	／
	酒後上班	5 分	5 分／次	／	／
	吸菸	5 分	5 分／次	／	／
	聚會聊天	5 分	5 分／次	／	／
	在工作間吃零食	5 分	5 分／次	／	／
	隨地吐痰	5 分	5 分／次	／	／

積分項目	細項	基礎分值	扣分	加分	獎分
參加活動	公司級活動	／	／	參加加2分	獲得名次獎10分
	鄉鎮市級技能比賽	／	／	參加加20分	獲得名次獎50分
	縣市級技能比賽	／	／	參加加30分	獲得名次獎100分
	國家級技能比賽	／	／	參加加50分	獲得名次獎200分
隱患上報	一般安全隱患	／	／	5分	／
	重大安全隱患	／	／	10分	／
	設備隱患	／	／	5分	／
冠軍獎勵	產量冠軍班組	／	／	5分／人	／
	品質冠軍班組	／	／	5分／人	／
員工培養與保留	員工保留	／	／	流失率控制在5%以內，班組加2分／人	半年內無主動辭職，班組獎5分／人
	員工保留	／	／	每培養1名骨幹操作技師加5分	每培養1名骨幹操作高級技師加10分
5S	5S排名	2分	排名最差班組扣2分／人	／	排名第一班組獎2分／人
工作紀錄	不按照規定填寫值班紀錄、工作日誌、設備維修紀錄	2分／次	2分／次	按照要求填寫1分／次	／

2. 企業研發員工績效採用積分模式案例

某企業為引導研發人員關注工作本身帶來的成就感並達到及時激勵的目的，同時為了切實建設公平、分享、提升、創新的企業氛圍，創造卓越價值貢獻，提升研發人員的工作主動性和積極性，提升企業文化契

合度,強化執行力和工作過程管控,基於對研發人員關鍵成功因素的分析,制定了研發人員積分標準,為研發人員薪酬福利、員工晉升提供重要的參考依據。研發人員積分是員工在職期間累計貢獻值的量化展現,實行逐月累加,具體積分標準如下表所示。

表 4-2　某企業研發人員積分標準設計

積分項目	說明	計算方法
專案任務積分	根據專案進度以及節點工作完成品質進行加分	根據節點工作對應分值累計即可,由研發助理記錄
工作亮點積分	對工作創新、專利成果、內部榮譽等進行鼓勵加分	詳見下文
部門會議、培訓積分	按時參加新門組織的各項會議及培訓	準時參加加分,未準時參加或未參加扣分

部門會議、培訓項目積分很好理解,在這裡不再贅述,下面詳細對專案任務積分和工作亮點積分進行闡述。

(1) 專案任務積分

專案任務積分是對研發工作流程中在里程碑式節點中的工作任務分析其價值,並對團隊在該里程碑節點所產生的價值進行賦值,賦值表如下。

表 4-3　專案任務積分賦值表

角色／研發階段	需求／概念設計		方案		設計		驗證	
	任務內容	分值	任務內容	分值	任務內容	分值	任務內容	分值
系統工程師	產品包需求	20	總體方案設計	20	／	／	／	／
	產品概念方案	20	／	／	／	／	／	／
硬體工程師	／	／	硬體概要設計	20	硬體詳細設計	20	／	／
	／	／	硬體仿真設計	20	硬體單元測試	15	／	／

角色／研發階段	需求／概念設計		方案		設計		驗證	
	任務內容	分值	任務內容	分值	任務內容	分值	任務內容	分值
軟體工程師	／	／	軟體概要設計	20	軟體詳細設計	20	／	／
	／	／	建模和演算法分析	20	軟體單元測試	15	／	／
結構工程師	／	／	結構概要設計	20	結構詳細設計	20	／	／
	／	／	熱仿真設計	／	結構試裝	15	／	／
測試工程師	可測試性需求	15	產品測試方案	20	產品集成測試	20	產品系統驗證	20

如果某項任務是一人完成的，則任務積分為該員工的個人積分，如果任務是多人完成，由專案經理確定積分分配。完成每一個節點任務後，由專案經理、產品經理或者部門管理者（根據公司的實際管理流程確定）對此節點任務進行評估打分，具體包括是否按照項目進度完成、任務完成的品質兩個維度。最後，該任務的實際積分＝任務分配積分 × 完成進度係數 × 任務進度權重＋任務分配積分 × 完成品質係數 × 任務品質權重。完成進度係數和完成品質係數根據任務分為不同等級，每個等級配置對應係數即可。任務進度權重和任務品質權重一般情況下按各自的 50% 設定，也可以由專案管理者根據實際情況設定。

由於每個專案之間難度不同、收益不同，具體到每個專案的任務分值可以靈活調整，以真正展現研發人員的工作價值。調整係數可以統一規定，也可以由專案管理者根據專案的差異性進行調整，主要考慮技術成熟度和公司的技術累積、產品是老產品改進還是新產品開發等。

如果是根據專案類別確定整體專案係數，應在新產品專案立案時，由研發部門對專案進行評估評分，報公司批准備案後確定專案類別。

第二篇　積分制實施方案設計篇

專案類別與調整係數的對應關係如下表所示：

表 4-4　專案類別與調整係數的對應關係

專案類別	特類	A 類	B 類	C 類	D 類
評估分數	98 分以上	90～98 分	70～89 分	50～69 分	50 分以下
調整係數	2	1.8	1.5	1.2	1
注：特類指全新開發產品、開發風險大、開發週期長、預期發展方向、儲量、效益等有很大發展空間的專案。					

專案類別計分評定採用累加計分制，可從以下四個方面對專案進行計分評估後累加，根據累加分數確定專案類別：

- 專案的技術含量及技術指標的先進性（25 分）；
- 專案開發工作量和自主開發難度（30 分）；
- 專案對公司品牌形象提升及對科技進步推動的效果（15 分）；
- 專案潛在經濟效益、市場競爭力及其他相關因素（30 分）。

專案類別評分標準具體參考如下：

表 4-5　專案類別評分標準

	要素	評價	評估分值
A（25 分）	技術含量（10 分）	技術含量高，或有重大的技術創新	8～10 分
		技術含量較高，或有較重大的技術創新	5～8 分
		一般	5 分以下
	技術指標前瞻性（15 分）	國際領先	15 分
		國內領先或同行領先	14 分
		縣市領先	13 分
		國內超前或同行超前	11～12 分
		縣市超前	9～10 分

第四章　部門管控分（K分）方案設計

要素		評價	評估分值
A（25分）	技術指標前瞻性（15分）	填補公司空白	7～8分
		較超前	5～6分
		一般	5分以下
B（30分）	工作量（20分）	工作量大，投入人員多，開發進度要求緊迫	16～20分
		工作量較大，投入人員較多，開發進度要求較緊迫	12～16分
		一般	12分以下
	自主開發難度（10分）	自主開發難度較大	8～10分
		自主開發難度大	5～8分
		一般	5分以下
C（15分）	對科技進步的貢獻（7分）	大幅提升公司開發水準與能力	6～7分
		有效提升公司開發水準與能力	4～6分
		一般	4分以下
	對品牌形象提升的效果（8分）	顯著提高品牌知名度和品質形象等	7～8分
		有利於提高品牌知名度和品質形象等	5～7分
		一般	5分以下
D（30分）	潛在經濟效益（15分）	預期銷量、收入及利潤高	12～15分
		預期銷量、收入及利潤較高	8～12分
		一般	8分以下
	市場競爭力（10分）	市場競爭力強，有效提高市場占有率等	8～10分
		市場競爭力較強，有利於提高市場占有率等	5～8分
		一般	5分以下
	其他積極因素（6分）	專案對成本與環境因素的考量、發展前景等	5分及以下

根據上表，如果專案評估得分為 90 分，即為 A 類專案，積分調整係數為 1.8，如果一位硬體工程師完成了「硬體概要設計」任務，原始分值為 20 分，現根據專案等級予以調整，其實際得分為 $20 \times 1.8 = 36$ 分。專案任務積分考察研發人員的工作量和工作品質，同時考慮研發人員同時開展幾個專案的情況下所產生的價值，其中調整係數需要在試執行期間按照實際情況以及專家對不同項目的評估予以調整。

這種專案任務積分考核方式，打破了對研發人員的傳統考核模式，原本對研發人員的考核往往沒有考慮研發人員的工作任務量和任務難度，導致研發人員做多做少差不多，做快做慢差不多，研發人員不願意更快速地完成專案任務，去投入其他專案任務的開發中，很多企業研發人員越來越多，效率也不高。這種專案任務積分的方式可以衡量研發人員的工作量、工作難度、工作品質等綜合價值，更好地激發研發人員的工作積極性和主動性。

(2) 工作亮點積分

工作亮點積分是指研發人員在研發工作過程中的創新，如因獲得專利、對工作方法改進提出的合理化建議、獲得獎項、技術開發經驗累積與傳承、行業刊物發表專業文章（經公司稽核）、團建中表現優異、培訓中表現優異等所獲得的積分。

3. 某企業研發員工任職資格積分評價案例

某企業對研發人員的任職資格晉升評價採用積分制，針對員工的過程關鍵任務及行為、成果貢獻制定評價標準，員工按照標準提交相關證據材料，由評委進行評價，評價通過後，該員工獲得相應級別的任職資格等級。

(1) 研發人員關鍵任務及行為積分標準

表 4-6　研發人員關鍵任務及行為要求

行為模組	序號	行為標準細項	1 級	2 級	3 級	4 級	5 級	備註
硬體	1.1	專案管理	0	0	10	20	30	
	1.2	硬體需求分析	5	10	20	20	20	
	1.3	硬體框架設計	5	10	10	10	20	
	1.4	硬體系統／子系統設計	10	15	20	20	10	
	1.5	PCB 設計	10	15	15	0	0	
	1.6	PCBA 測試	15	5	0	0	0	
	1.7	集成功能測試	10	10	10	10	10	
	1.8	MCU 軟體開發	10	10	10	20	10	
	1.9	PCBA 裝配設計	20	15	0	0	0	
	1.10	可靠性測試	15	10	5	0	0	
		合計（分）	100	100	100	100	100	
軟體	2.1	專案管理	0	0	10	20	30	
	2.2	軟體需求分析	5	10	15	20	20	
	2.3	軟體架構設計	0	10	15	20	10	
	2.4	軟體系統設計與分析	5	10	10	10	10	
	2.5	資料庫設計	0	10	10	15	15	
	2.6	軟體測試	40	10	10	0	0	
	2.7	軟體品質控制	5	10	10	15	15	
	2.8	代碼編寫	40	30	10	0	0	
	2.9	軟體品質管理	5	10	10	0	0	
		合計（分）	100	100	100	100	100	

第二篇 積分制實施方案設計篇

行為模組	序號	行為標準細項	任職資格級別					備註
			1級	2級	3級	4級	5級	
結構	3.1	專案管理	0	0	10	20	30	
	3.2	結構整體方案設計	10	20	20	30	30	
	3.3	部件設計與出圖	30	30	20	10	0	
	3.4	核算成本	10	10	10	10	0	
	3.5	可靠性測試	10	10	10	10	10	
	3.6	製程工藝設計	10	5	5	0	0	
	3.7	來料檢驗以及試生產指導	10	5	5	0	0	
	3.8	產品認證	10	10	10	10	15	
	3.9	供應商認證和指導	10	10	10	10	15	
		合計（分）	100	100	100	100	100	

員工只要有符合要求的舉證材料，就可以申請評價某項關鍵任務及行為，評委結合員工提交的材料按照以下標準進行評價。

表 4-7　研發人員關鍵任務及行為積分標準

總體評價	評判標準	積分標準
超標（卓越）	行為項目都能夠提供要求數量的合格材料，即被評價的行為項目一貫做得不錯；工作任務都能夠準時甚至提前完成，輸出超出品質要求，已經形成了職業化的做事習慣，是公司的標竿。	50 分
全部達標（優秀）	行為項目都能夠提供要求數量的合格材料，即被評價的行為項目一貫做得不錯；證明行為項目的材料具有亮點（創新方法、創造特殊價值、獲獎等）；日常工作無明顯的失誤，絕大部分情況下能夠準時完成。	40 分
基本達標（合格）	此項行為平時基本都做了，未出差錯，屬於正常情況，但沒有突出表現。	30 分

總體評價	評判標準	積分標準
少部分達標	此項行為過程規範性、輸出品質、完成時間等都存在較多需改進的地方。	20 分
基本不達標	此項行為在實際工作中有較大的失誤。	10 分
完全不達標	完全沒有做過，或者沒有證據證明行為發生過。	0 分

(2) 研發人員成果貢獻積分標準

表 4-8　研發人員成果貢獻積分標準

任職資格一級			
貢獻單元	貢獻標準要素	貢獻標準	積分標準
專業成果	工作成果	成功完成 1 個一類成果或參與 1 個二類成果	50 分
專業成果	工作成果	前四個季度績效表現達到 5 級以上且 D 級不能超過 1 次，且近兩年年終績效表現達 3 級以上。	A＝30 分 B＝20 分 C＝10 分 D＝0 分
專業成果	問題解決	在模組的設計工作中，及時解決模組開發中的 5 個一般技術問題。	10 分
團隊成長	組織建設	參與改進了公司至少 1 個產品研發相關流程，並提供 2 個被採納的意見。	5 分
團隊成長	人才培養	／	／
團隊成長	知識累積	掌握公司產品研發相關模組的流程制度、了解產品研發相關方面的知識和技能。	5 分

117

任職資格二級			
貢獻單元	貢獻標準要素	貢獻標準	積分標準
專業成果	工作成果	成功完成 3 個一類成果或 2 個二類成果。	45 分
		前四個季度績效表現達到 5 級以上且 D 級不能超過 1 次，且近兩年年終績效表現達到 3 級以上。	A＝30 分 B＝20 分 C＝10 分 D＝0 分
	問題解決	在 3 個一類專案或 1 個二類專案的設計工作中，及時解決模組開發中的 3 個較複雜技術問題。	5 分
團隊成長	組織建設	對公司的工作流程提出合理化建議，合理化建議的數量大於 5 個。	5 分
	人才培養	指導培養低級別研發人員的技能，在實踐中帶領、培養出 1 名以上的符合一級任職資格標準的研發人員。	10 分
	知識累積	開發並主講過培訓課程，或者在企業內部刊物發表相關專業文章，總數達到 2 篇以上。	5 分
任職資格三級			
貢獻單元	貢獻標準要素	貢獻標準	積分標準
專業成果	工作成果	成功完成 2 個三類成果。	45 分
		前四個季度績效表現達到 5 級以上且 D 級不能超過 1 次，且近兩年年終績效表現達到 3 級以上。	A＝30 分 B＝20 分 C＝10 分 D＝0 分
	問題解決	參與 2 個緊急突破性任務，是突破性任務的核心成員。	5 分

貢獻單元	貢獻標準要素	貢獻標準	積分標準
團隊成長	組織建設	負責編寫公司研發方面的2個作業規範，提供5個被採納的建設性意見。	5分
	人才培養	指導培養低級別研發人員的技能，在實踐中帶領、培養出2名以上的符合二級任職資格標準的研發人員。	10分
	知識累積	開發並主講過培訓課程，或者在相關專業期刊上發表相關專業文章，總數達到3個以上。	5分
任職資格四級			
貢獻單元	貢獻標準要素	貢獻標準	積分標準
專業成果	工作成果	成功完成1項以上四類成果。	45分
		前四個季度績效表現達到5級以上且D級不能超過1次，且近兩年年終績效表現達到3級以上。	A＝30分 B＝20分 C＝10分 D＝0分
	問題解決	解決專案進展過程中存在的5個以上的複雜問題。	5分
團隊成長	組織建設	參與或推動規範化、結構化研發專案管理流程體系的建設，並提供4個被採納的建設性意見，實現科研專案的可管理、可控制、可衡量、易溝通、易分工和易評價。	5分
團隊成長	人才培養	指導培養低級別研發人員的技能，在實踐中帶領、培養出2名以上的符合三級任職資格標準的研發人員。	10分
	知識累積	開發並主講過培訓課程，或者在相關專業核心期刊上發表相關專業文章，總數達到4篇以上，或撰寫發表相關書籍。	5分

任職資格五級			
貢獻單元	貢獻標準要素	貢獻標準	積分標準
專業成果	工作成果	成功完成 1 項以上五類成果。	45 分
		前四個季度績效表現達到 5 級以上且 D 級不能超過 1 次，且近兩年年終績效表現達到 3 級以上。	A＝30 分 B＝20 分 C＝10 分 D＝0 分
	問題解決	解決本領域 3 個以上核心或關鍵性的技術問題，極大推動本領域內相關學科的發展。	5 分
團隊成長	組織建設	組織並建立國家級（或縣市級）研究平臺或建立博士後工作站，提供 3 個被採納的建設性意見。	5 分
	人才培養	指導培養低級別研發人員的技能，在實踐中帶領、培養出 3 名以上的符合四級任職資格標準的研發人員。	10 分
	知識累積	開發並主講過培訓課程，或者在相關專業有影響力的國際期刊上發表相關專業文章，總數達到 5 篇以上，或者編撰相關書籍；建立與國內外科研機構或公司的合作關係，指派相關研究人員到合作機構中進行技術交流；編撰相關學術書籍。	5 分

表 4-9　（技術平臺）開發工程師工作成果定義

成果命名		內容定義	典型例子（公司實際案例）
技術開發任務		1個人可獨立承擔的，2週內可開發完成的產品改進、產品開發或其他產品開發任務，或者一般現場問題解決和處理。	
模組	一般模組	1個人可獨立承擔的，1～3個月內可開發完成的模組。	
	複雜模組	3～6個月內可開發完成的模組。	
技術訣竅		參考《技術開發手冊》對技術訣竅的定義。	
技術平臺		參考《技術開發手冊》對技術訣竅的定義。	
技術研究與規劃	有效技術分析報告	對公司技術開發或者產品開發具有較大參考作用，分析透澈獨到的技術分析報告，包括技術趨勢分析報告、競爭對手技術分析報告、技術開發機會點建議報告等。	
	一般技術機會點	由本人從其提交的技術報告或者新的技術分析中提取的轉化為技術開發專案的技術機會點，對公司產品局部功能或性能有一定程度的提升。	
技術研究與規劃	重大技術機會點	由本人從其提交的技術報告或者新的技術分析中提取的轉化為技術開發專案的技術機會點，對公司產品或技術有一定的突破。	

成果命名		內容定義	典型例子（公司實際案例）
技術突破	一般技術	在現有情況下，能夠對公司產品的局部功能或性能有一定或較大程度的提升，具有一定或較大難度的技術突破。	
	重要技術	在現有情況下，能夠對公司產品的重要功能或性能有一定或較大程度的提升，具有一定或較大難度的技術突破。	
	核心技術	在現有情況下，能夠對公司產品的主要能力有重大或突破性的提升，具有較大或高難度的技術突破。	

表 4-10　（產品開發）開發工程師工作成果定義

成果命名	內容定義	典型例子（公司實際案例）
一般產品開發專案	1 個人可獨立承擔，4 週內可開發完成的產品設計、產品開發或其他產品開發任務，或一般現場問題解決和處理。	
複雜產品開發專案	3～5 個人可承擔，300～1,000 天可完成的產品設計、產品開發或其他產品開發任務。	
突破性技術產品開發專案	5～10 個人可承擔，1,000～3,000 天可完成的產品設計、產品開發或其他產品開發任務。	

表 4-11　成果分類表

一類成果	成功完成 1 項技術開發任務
	成功完成一般產品開發專案的開發（產品）
	成功完成 1 項簡單模組的開發
二類成果	成功完成 1 項一般模組的開發
	成功完成複雜產品開發專案的開發（產品）

三類成果	成功完成 1 個複雜技術模組或 1 個技術訣竅的提煉
	提煉過 1 個以上的一般技術機會點
	成功突破 1 項一般技術的難點
	成功完成 1 項突破性產品開發專案的開發（產品）
四類成果	成功突破 1 項重要技術的難點
	提煉或辨識 1 個以上的重大技術機會點
五類成果	成功突破 1 項核心技術的難點
	成功主持 1 個系統平臺的設計

對於問題類別，從問題的相對價值以及問題的複雜性兩個角度，根據具體得分來劃分，1～3 為一般問題，4～6 為較複雜問題，8～10 為複雜問題，12～20 為核心問題，具體見下表：

表 4-12　問題分類表

複雜性／相對價值	個人：僅僅影響個人的學習和成長	團隊：影響團隊的成長和團隊任務的完成或者團隊績效的提升（如一級部門、二級部門）	系統：影響系統的成的完成或者系統績效的提升（如人力資源系統、銷售系統財經系統等）	行業：在系統所在行業有影響（如公司所處的專業照明這個行業）
例行的：有詳細規程或者技術支持，有一份既定的計畫，已存在明確的備選方案	1	2	3	4
常規的：已有先例，可根據過去的先例來制定解決方案或者有眾多備選方案，需要進行評估和選擇	2	4	6	8

第二篇　積分制實施方案設計篇

複雜性／相對價值	個人：僅僅影響個人的學習和成長	團隊：影響團隊的成長和團隊任務的完成或者團隊績效的提升（如一級部門、二級部門）	系統：影響系統的成的完成或者系統績效的提升（如人力資源系統、銷售系統財經系統等）	行業：在系統所在行業有影響（如公司所處的專業照明這個行業）
一般的：需透過分析事實和一般規則來解決，僅憑藉籠統政策作為指導原則，需進行判斷並運用現有的理念來制定各種解決方案	3	6	9	12
複雜的：需加以判斷來認清並分析問題，通常需根據有限的資訊制定解決方案，一般需與同事或上級主管進行諮詢，需要其他人的協助方可解決	4	8	12	16
極複雜的：僅能憑藉極端少量的資訊對問題進行分析公司以前從未遇到，上級以及同事能提供的支援亦相當有限	5	10	15	20

　　員工只要有符合要求的舉證材料，就可以申請評價某項貢獻標準，評委結合員工提交的材料評價是否符合，透過某項貢獻標準評價後獲得該項的積分，積分達到規定標準，即可晉升到該任職資格級別或者保留原任職資格級別。

第二節　管理者紅牌、綠牌任務 K2 分方案設計

一、什麼是管理者紅牌、綠牌任務

我們曾經的一個客戶管理顧問公司發生過這樣的事：

該公司財務部有一位員工上班經常遲到，還常常出現不該出現的錯誤，提交的報表要麼數據不對，需要反覆修改，要麼沒有按照規定的時間提交，做事不認真，總是需要經理在後面跟進進度、檢查報表品質。開始時財務部經理在私下給這個員工暗示，希望她能夠改正，但一直沒有什麼效果。公司副總看到這個情況後，建議財務部經理找該員工認真談談，必要時給該員工一次嚴厲責備，如果還是無法改善，盡快處理，以免後續出現諸多麻煩。財務部經理按副總的建議找該員工談話，但談話中，財務部經理繞來繞去，就是不好意思說出罵人的話，因為他不願意「得罪人」，最後此次談話還是不了了之。

久而久之，部門其他員工對這個員工做的事情也習以為常、視而不見了。但她需要完成的工作還得有人做，財務部經理嫌她做得不好就自己動手，做了越來越多本來該是這個員工做的事情。後來，財務部經理實在受不了了，要求公司增加人手。

這個財務部經理的問題出在哪裡？是他放棄自己的管理原則，怕得罪他人，又怕傷了和氣，違心說話、違規辦事、感情用事、看人辦事，該批評的不批評，該制止的不制止，該表態時不表態，熱衷做「你好我好大家好」的和事佬，結果是害了自己，也害了企業。他的「老好人心態」讓他無法做到一個部門經理應該做和必須做的事情，那就是即使有得罪人的可能，也要當面指出員工的錯誤和不合理的行為，要根據情況嚴重程度，該責備時一定要責備，在對方仍不改變的情況下，甚至要做出辭退的決定。很多企業的中高層幹部，就連辭退都不敢自己跟員工談，把「鍋」甩給人力資源部，這是不正常的，也是錯誤的！

第二篇　積分制實施方案設計篇

「老好人心態」是不負責任的心態！首先，「老好人」對公司不負責任。容忍一個經常違反公司制度和工作不達標的員工會極大地損害公司利益，這不僅是因為有人拿了薪水不做事，更是因為這樣的人會破壞整個公司的工作氛圍和文化。

其次，「老好人心態」對自己百害而無一利。「老好人心態」雖然製造了表面的和諧，實質上卻無法掩蓋部門工作品質和效率不高、員工沒有進步的事實，不僅讓自己過得很辛苦，也得不到公司的重視和員工的認可，最終好心也落不得好報。

最後，「老好人心態」會導致下屬員工無法成長。管理者需要對員工關心、愛護，但必要的時候也需要「扮黑臉」。一個只想當「老好人」的部門經理無法幫助下屬成長，因為他不願指出和制止下屬的錯誤，導致員工缺少成長的必要條件。從這個角度看，從來不責備員工的部門經理不會是好經理。合理地指出不足，適當地批評，其實是在幫助下屬改變和成長。我們常常聽到這樣一句話：幸虧當時主管對我要求嚴格，才有了今天的我。太多人有這樣的經歷和感受了。

總之，管理從來不是紙上談兵，更不能「前怕狼後怕虎」。在企業管理中，管理者要勇於堅持原則，勇於承擔責任，凡事只要出於公心，一切以企業利益為上，都會得到理解與支持，並得到員工由衷地崇敬。

那什麼是管理者紅牌、綠牌任務呢？

就是每個月給予每個管理者獎分、扣分的任務，對下屬員工在工作過程中的優秀表現和不良行為進行獎勵和處罰，要求管理者必須在當月完成獎分和扣分任務，拉開下屬員工的積分差距，提供員工貢獻差距。

二、管理者紅牌、綠牌任務的目的

設定管理者紅牌、綠牌任務的目的主要有以下兩點：

1. 強化責任意識，提升下屬能力

管理幹部有責任、有義務幫助員工成長，幫助員工提高技能，幫助員工提高能力。管理人員不願意扣分，是一種「老好人」的表現。慈不帶兵，義不養財、主管不狠，員工不強。

管理幹部要時時關心自己的下屬，去發現他們表現優異的地方，隨時以獎勵的形式給予肯定，以此調動員工的積極性。員工提高工作技能，就能夠更好地達成目標，部門業績指標的完成就有保障。

2. 增加積分項目的靈活應用程度

公司設計的積分項目往往不能窮盡，總有沒有考慮到的地方，給予管理者一定的獎分和扣分許可權，管理者可以根據自身管理的需要及不同階段的管理重點，結合員工的行為表現進行獎分和扣分，增加積分項目的靈活應用程度。

三、管理者紅牌、綠牌任務 K2 分如何操作

每個管理人員的下屬人數不一樣，我們可以按照人均的思路設定具體要求，並根據職位層級及管理下屬的人數確定獎分和扣分的人均分值、總分、單次獎分和扣分的最高值。

表 4-13　管理者紅牌、綠牌任務積分操作

管理層級	獎分		扣分	
	每月獎分總額	單次最高獎分	每月扣分總額	單次最高扣分
班組長	10 分 × 下屬人數	20 分	獎分總額的 80%	20 分

管理層級	獎分		扣分	
	每月獎分總額	單次最高獎分	每月扣分總額	單次最高扣分
部門主管	30 分 × 下屬人數	30 分	獎分總額的 90%	30 分
部門經理	60 分 × 下屬人數	40 分	100%	40 分
總監	90 分 × 下屬人數	50 分	100%	50 分
公司副總經理	120 分 × 下屬人數	60 分	100%	60 分

我們在實際操作中會遇到以下問題，讀者朋友們可以進一步思考。

- 下屬人員是否包括直接和間接人數？
- 管理者進行獎扣分，是對直接下屬進行獎扣分，還是對直接下屬及間接下屬都有獎扣分的權利？

四、管理者沒有完成紅牌、綠牌任務如何處理

如果管理者每月沒有完成獎扣分任務，如何處理？在實際操作中，管理者的獎分任務往往比較容易完成，但是扣分任務時常無法完成，如何在機制上促使管理者完成扣分任務呢？

首先，要對管理者未完成任務的情況進行扣分處罰，對於未完成的扣分任務有兩種解決思路：第一，沒有完成的扣分任務累積到下個月；第二，沒有完成的扣分任務清零。

其次，為了推動管理者完成獎扣分任務，我們可以對每個月獎扣分任務完成情況進行公布排名，讓全公司都可以看到誰沒有完成任務，管理者也都是愛面子的，不願意自己的排名在後面，從而推動其在下個月度完成相應的任務。

第三篇　積分制實施應用篇

第三篇　積分制實施應用篇

第五章　積分在 PK 層面的應用

第一節　為什麼要有 PK 競爭

一、什麼是 PK

　　PK，源於線上遊戲中的「Player Killing」，直譯為拳打腳踢，引申為格鬥和對戰，原意指的是在遊戲中高等級的玩家擊殺低等級的玩家，不過後來被引申發展成為對決的意思，如一對一的單挑，一對多、多對多等形式的挑戰。

　　PK 激勵是利用人積極爭取、勇奪第一的心理，透過 PK 活動來挖掘員工的潛能，向高手學習，讓員工發自內心地主動工作、創造價值、實現自我。

　　非常多的企業也引入了 PK 機制，效果很不錯。筆者在網路上看到一家企業引入 PK 機制後，透過 15 次 PK 大賽實現產值成長 70%，以下內容引自網路文章。

　　當時企業正處於發展的谷底，由於生產虧損，大家都不確定企業還要不要繼續做下去。雖然說經營了十幾年，但企業一直停留在家庭作坊式的生產階段，沒有規範也沒有標準。所以，企業先帶領員工學習機制。學習了機制以後，大家都覺得要做的事情太多了，其中最首要的是找到行業基準、執行標準，再在這個基礎上研究提升多少及如何提升的問題。

　　之後，我們企業每個月都會制定一個月目標，這個月跟上個月要有所比較、互相 PK，我們已連續開展了 15 次 PK 大賽。此外，企業根據

實際情況還設立了一系列發展機制，如師父帶徒弟機制、專案承包機制、部門與部門之間內部市場化機制……這樣，我們遇到任何問題，都會在第一時間找到第一責任人，本著「誰的責任誰承擔」的原則來解決問題、促出發展。

2012 年，我們的產值是七八千萬元（人民幣），年終虧損；2013 年，真正開始匯入機制，我們的產值實現了 1.3 億元，成長 70% 以上，不僅轉虧為贏，還盈利 500 萬元。全體員工不但領到了許多額外福利，也重新對企業的發展有了信心。

現在的很多培訓也同樣引入了 PK 機制，開場就收取了 PK 基金，按照學習小組進行積分，考核出勤、團隊展示、回答問題、現場作業、引導學員上傳社群平臺等，根據各種積分規則進行積分排名 PK。透過這一系列的安排，課堂氛圍非常好，學員參與的積極性大大提高，很多培訓是企業團隊參加學習，大家會為榮譽而戰，都不想落後。

所以在現實生活中，每一個人都無法逃避 PK 和競爭，PK 給人類社會注入了新鮮活力，使人們不再懈怠，能夠為尊嚴、為夢想、為使命奮力打拚，充分發揮潛能，不斷創新，不斷突破。企業也是一樣，PK 就是較量，在經營企業的過程中，沒有較量，企業就沒有活力，更沒有生產力。PK 對於員工、團隊和企業都是非常有益的，

● 二、從員工、團隊、企業層面看 PK 的意義

1. 從員工層面看 PK 的意義

PK 對提高員工積極性、發揚團隊精神和挖掘員工潛能等具有非常重要的意義。

一是 PK 讓員工能明晰目標，明確使命和責任，有了奮鬥的方向和夢想。早晨員工就是被夢想叫醒的，而不是鬧鐘了。

二是 PK 讓員工有強烈的欲望和企圖心，對工作產生自主性，從而讓員工進行自我激勵，不用揚鞭自奮蹄。

三是 PK 讓員工有危機感、緊迫感，從而不敢懈怠和放鬆，對自我的要求也會越來越高，這樣才能激發員工潛能，把看似不可能的事情變成可能，員工才能有自信，才能越戰越勇。

四是 PK 讓員工有超強的抗壓和抗打擊能力，員工具有承受力、忍耐力才能變得更加堅強，才能在逆境中成長。

2. 從團隊層面看 PK 的意義

一是 PK 能統一團隊的思想和目標，使團隊因共同的願景和目標而奮戰，這樣伸出去的就是一個拳頭，而不是五個指頭。

二是 PK 能營造必勝的氛圍，提升團隊戰鬥力，有戰鬥力才可能會贏，有了贏的信念才會有底氣，有了底氣才有士氣，士氣比武器更重要。

三是 PK 能激發員工的團隊精神，為榮譽而戰，為尊嚴而戰，能捨小我得大我，團隊榮譽感會讓團隊有帶動力，能力強的帶動能力稍微弱的，不拋棄不放棄。

3. 從企業層面看 PK 的意義

一是 PK 能讓企業得到想要的結果，如業績和利潤成長、成本和費用降低、品質和效率提升等，透過合理設定 PK 專案，企業達到目標經營成果，穩步發展壯大，這樣老闆才能安心、省心、放心。

二是透過 PK 可以幫助企業打造一支熱情滿滿，有著超強凝聚力和戰鬥力的團隊，這樣的團隊會幫助企業在激烈的市場競爭中所向披靡，戰無不勝。

三是 PK 幫助企業透過各種方式「賽馬」，讓所有的員工貢獻智慧，把員工潛能挖掘出來，發現可能被埋沒的人才，從而重用人才、成就人才，使企業人才各盡其責，形成穩健的人才梯隊。

4. 對 PK 的理解總結

勇於折騰才有機會，經得起折騰才能成長，善於折騰才能成功！與高手過招，即使輸了也是一次成長！優秀的員工，其每個毛孔，甚至骨髓裡都流淌著贏的血液！龍爭虎鬥，激情 PK，你追我趕，永爭第一！

- PK 可以讓人的狀態達到巔峰；
- PK 可以激發員工潛能，發揮最大可能；
- PK 讓員工保持樂觀和興奮；
- PK 是產生業績的最好方法，有 PK，企業就有發展的動力；
- PK 文化是讓所有員工透過能力和結果去證明自己；
- PK 是讓強者更強，弱者變強的過程；
- PK 讓夥伴參與競爭並關注榮譽；
- PK 的核心不在於輸贏，而在於成長。

第二節　PK 挑戰實施流程

一、確定 PK 挑戰目標

管理者溝通確定按照什麼內容和原則確定 PK 的勝負，這叫做 PK 目標，可以將業績、收款、人均產值、毛利率等指標的完成值作為 PK 目標，或者將某件工作事項的完成時間或品質作為 PK 目標，甚至可以將月度積分額度或排名作為 PK 目標。總之，要根據當前企業的經營和團

第三篇　積分制實施應用篇

隊管理狀況確定，缺什麼PK什麼，PK什麼就得到什麼，PK目標可以是一項內容，也可以是多項內容疊加。

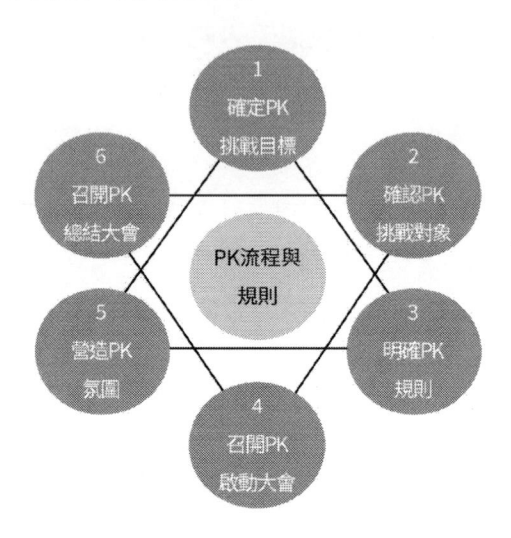

```
       1. 確定PK挑戰目標
6. 召開PK總結大會        2. 確認PK挑戰對象
         PK流程與規則
5. 營造PK氛圍            3. 明確PK規則
       4. 召開PK啟動大會
```

▲　圖5-1　PK挑戰實施流程

● 二、確定PK挑戰對象

1. 個人PK

員工可以根據自己的期望，選擇挑戰PK的對象，進行員工個體之間的相互PK。

2. 團隊PK

兩個部門或者部門內部兩個小組之間根據領導者的期望，選擇挑戰PK對象，進行團隊之間的互相PK。

● 三、明確 PK 規則

1.PK 形式選擇

(1)「兩兩明 P」挑戰

兩位員工或者兩個團隊之間，或者一人對多人按照 PK 目標進行 PK，這個也是很多公司常用的方式。

(2)「兩兩盲 P」挑戰

在企業實踐 PK 挑戰時，往往會出現一個問題，當兩個 PK 對象知道彼此的 PK 目標完成情況時，如果雙方差距已經拉大，領先者基本覺得可以獲勝時，就會逐漸「放慢腳步」、「稍稍喘口氣」，繼續提升 PK 目標水準的動力會大打折扣；而落後者基本覺得已經失敗，會放棄「鬥爭」的勇氣，心底默默盤算著「下次再來」，本可以繼續提升 PK 目標的完成情況，結果也被落後者主動放棄了。

如何解決上面的問題呢？我們在實踐中運用了「盲 P」的思路，線上下操作時，採用抓鬮的方式決定 PK 對象，而且在最後結果公布前所有 PK 者都不知道自己跟誰 PK。在 PK 過程中，哪怕目前暫時是第一名，但自己的 PK 對象也可能是第二名，跟自己就差那麼一點點，所以還是要繼續努力保持領先優勢；哪怕目前暫時是最後一名，也許自己的 PK 對象就是倒數第二名，自己還有機會超越他，堅決不墊底。

透過「盲 P」這種方式，可以讓 PK 者始終保持高昂的鬥志，堅決不墊底和始終保持領先的動力會繼續推動 PK 者繼續努力。

(3) 個人或團隊之間排名 PK 挑戰

表 5-1　某企業業務人員 PK 規則

姓名	業績完成比例	名次	收款率	名次	新客戶開發數	名次	銷售預測準確率	名次	合計分數	名次
員工 1	200%	1	90%	3	5	4	80%	1	9	2
員工 2	150%	2	95%	1	8	1	70%	3	7	1
員工 3	90%	3	85%	4	6	3	75%	2	13	4
員工 4	100%	4	93%	2	7	2	60%	4	11	3

2. 確定 PK 週期、起止時間

PK 週期不宜太短或太長，週期適當，如基層週度或月度，中層月度或季度，項目週期長的可分解至月度或季度。起止時間要明確到具體的時間點，如從 12 月 1 日 0 點 00 分開始至 12 月 31 日 23 點 59 分止。

3. 確定 PK 挑戰激勵機制

設定激勵機制的目的重在引導和激發 PK 對象，激勵機制要能夠激發員工打拚奮鬥的欲望並引導員工奮鬥的方向，讓整個團隊活躍起來。不合理的激勵機制，員工無動於衷，其結果必然不好。我們可以用積分獎勵、PK 基金、有挑戰的事、紅黑方案機制、PK 勳章與等級等激勵形式來激勵大家共同參與 PK 挑戰。

(1) 積分獎勵

對獲勝方、平局雙方、失敗方分別給予獎勵積分的正向激勵和扣罰積分的處罰。

表 5-2　積分獎勵

PK 方式	獲勝方	平局	失敗方	備註
團隊 PK	獎分	雙方不扣分，同時達成公司定的目標也可以給予一定的積分獎勵	扣分	獎扣分數額由公司設定上限，由公司總經理或者公司管理委員會確定並公告，結果公示後計算人均積分，進入個人帳戶
個人 PK	獎分	雙方不扣分	扣分	獎扣分數額由公司設定上限，發起人與被挑戰人雙方溝通確定
「盲 P」	獎分	雙方不扣分	扣分	獎扣分數額由公司設定上限，部門負責人確定

針對完成年度 PK 任務的部門、個人可以給予一定的積分獎勵，如下表所示：

表 5-3　年度 PK 任務積分獎勵

管理層級	年度任務／次	獎分／次	扣分／次	備註
副總級	3	50	50	獎扣分數額可根據實際情況由公司確定，級別越高，獎扣分基礎越大
總監級	3	40	40	
部門經理級	4	30	30	
部門主管	4	20	20	
基層員工	3	10	10	

(2) PK 基金

雙方可協商採用 PK 基金的方式，通常 PK 基金不能太高，人均 500～5,000 元之間比較合適。基金可用來激發雙方的鬥志，額度太少不能引發關注，額度太高將引起大家的反感。

（3）有挑戰的事

雙方做出的承諾，不要有安全隱患、不要低俗、不要低階趣味。下面幾個案例大家看看是否合適：

◆ 案例一：總裁裸奔

「無法完成任務，我去大安森林公園裸奔。」向外界許下 200 億元銷售額承諾的某公司總裁在 IG 發送了以上「軍令狀」。

◆ 案例二：8 名銀行員工遭公開體罰

網傳的一段影片中，4 名男子和 4 名女子穿著整齊，面朝臺下觀眾站成一排。一名戴著眼鏡、手持長條狀木板的中年男子手持話筒，逐一向八人問話，臺上八人回答情況不一，包括「凝聚力不夠」、「沒有突破自我」、「團隊凝聚力不強」等。隨後，該名男子用手中的木板抽打八人，來回四次。

◆ 案例三：巴克利兌現諾言當眾親吻驢屁股

姚明被火箭隊選中，很多人並不看好姚明。在一次重要比賽前，著名籃球評論員巴克利說，要是姚明一場比賽能拿下 19 分，他就親吻搭檔肯尼‧史密斯的屁股。結果姚明發揮出色，在那場比賽中拿下 20 分。巴克利要兌現諾言，他的評論員搭檔史密斯卻不願意當眾露出屁股，於是就租了一頭毛驢，讓巴克利去「親密接觸」。

◆ 案例四：高管被剃光頭

在一次某集團高級副總裁、北美區總裁大衛讓北美第一年轉虧之後的高層會議上，有人打趣他：「大衛，你一定能比這個指標完成得高。」

「我可以嘗試。」他點頭。

「你完成了我可以獎勵你兩輛車。一輛法拉利，一輛奧斯頓馬丁。」

坐在一旁的總裁湊上來說，於是大衛就答應了。後來這位 CEO 兌現了這兩輛車。

之後又一次高管一起喝酒，都喝得有點多的時候，大家又開始起鬨：「大衛，你可以完成更高的目標。」這是一個比上一年翻番的目標。

「那你們得支持我。」大衛說，「還有我完成了得需要更大獎勵，總裁。」「你需要什麼獎勵？」大衛立刻撥了通電話給太太，太太說家裡需要一個游泳池。總裁答應了。「如果我真的實現了，那一定是你們其他部門幫助我實現的，所以我可以剃光我的頭髮。」大衛補充。

一年之後的誓師大會上，果然一切成了現實。總裁的許諾一一兌現，剃頭就成了誓師大會的保留節目。

以上四個案例中，前面兩個不是有挑戰的事，而是低俗、低級趣味的事。後面兩個案例中的行為在自願的前提下是可以接受且能夠做到的。我們在實際操作中一定要注意，PK 時的承諾不僅不能低俗、低階趣味，而且要注意不能有辱人格。建議多採用一些陽光的、有意思的行為作為獎勵和處罰標準，如每天走一萬步並堅持一週、打掃環境一個月、為同事帶早點一週等。

(4) 紅黑旗機制

一些公司非常強調榮譽激勵，每一個業務團隊都進行競爭，每個季度的前五名獎勵紅旗，發象徵性獎金，拿到紅旗的時候大家都很高興。那排名落後者怎麼辦？公司頒發黑旗，員工和主管一起上臺領黑旗，發表感言，在領黑旗的時候還要象徵性地罰款，罰五塊錢，這對於員工來講就是榮譽激勵的負向激勵。

當員工和主管領回黑旗後，黑旗就掛在辦公室裡，所有員工看到黑旗的時候，都在想我們下次應該打個翻身仗。部門負責人在開會的時候，也會號召團隊在下一次 PK 中一定要把這面黑旗變成紅旗！

第三篇　積分制實施應用篇

紅黑旗機制的原理是紅旗代表成功，黑旗代表失敗，利用人愛面子、爭士氣的原始動力進行正負激勵。

紅黑旗機制的應用：每個月評比一次，對授旗儀式格外看重，需要造勢，無論是紅旗還是黑旗都一定要頒發，不可心慈手軟。

(5) PK 勳章與等級（半年度／年度）

為了讓 PK 不那麼嚴肅，增加遊戲化色彩，可以設定對應等級，根據 PK 積分排名為各層級員工頒發 PK 勳章，參考如下：

表 5-4　PK 勳章與等級

員工層級／勳章與等級	一代宗師	江湖梟雄	絕世高手	江湖少俠	武林新秀
	第一名	第二名	第三名	第四名	第五名
副總級					
總監級					
部門經理級					
部門主管					
基層員工					

● 四、召開 PK 啟動大會

對公司級團隊 PK 可以召開啟動大會，這樣能給 PK 對象帶來儀式感，也會讓他們認為公司非常重視此項 PK，從而更加引起團隊的重視。對於 PK 啟動大會，企業要進行會議策劃，引爆現場氛圍，激發團隊的能量。PK 啟動會大致流程如下：

1. 會場布置

細節決定成敗，會場的布置也非常重要，會議現場就要營造你追我趕的氛圍，要讓員工進入會場後就立刻有競爭的緊張感和興奮感。

2. 會議開始，公司老闆講話

老闆講話的最重要的目的是讓員工看到公司對 PK 挑戰的重視程度，所以老闆講話需要強調公司開展 PK 的目的及意義。

3. 組織者介紹 PK 流程

組織者介紹 PK 對象、目標、激勵等 PK 流程的目的是讓參與 PK 的員工清楚每一步細節，並描繪 PK 勝利時的場景，激發大家的興趣，讓大家憧憬勝利後的喜悅，逐步調動員工積極性。

4. PK 簽約儀式

PK 各參與方簽訂 PK 挑戰書，在挑戰書中約定起止時間、PK 目標、激勵機制等。同時，公司高管作為 PK 見證人進行見證和最終勝負裁決。

5. 團隊展示

團隊展示環節讓參與 PK 的員工互相「亮劍」，展示團隊隊形和 PK 口號，再次激發員工的團隊榮譽感。隊形和 PK 口號應在會議前提前告知，讓員工提前準備，最好每個團隊可以統一服飾或者定製大學 T。PK 口號舉例如下：

- 春風吹，戰鼓擂，我是冠軍我怕誰！
- 嗨，不服來戰！
- 橫掃賽場，唯我稱雄！
- 三心二意，揚鞭奮蹄，四面出擊，勇爭第一！
- ××一出，誰與爭鋒！
- 道路是曲折的，「錢途」是光明的，你的錢是我的！

第三篇　積分制實施應用篇

- 虎狼之師，唯我獨尊！
- 不吃飯，不睡覺，打起精神賺鈔票！
- 心中有夢有方向，全力舉績王中王！
- 齊心協力，爭創佳績，勇奪三軍，所向披靡！
- 乘風破浪，迎接挑戰！

PK 口號要霸氣，要展現王者必勝的決心，而且要製作成橫幅或標語掛在會場，會後掛在公司各部門裡明顯的位置。

五、營造 PK 氛圍

很多企業在實施 PK 時，不關注過程，只是到截止時間公布 PK 結果，員工沒什麼感覺，企業也覺得沒有達到很好的效果。造成這種尷尬局面的主要原因是 PK 過程中沒有營造你追我趕的氛圍。氛圍也是場域，查爾斯‧J‧佩勒林在《美國太空人如何組建團隊》（*How NASA Builds Teams*）中詳細描述了場域的力量。企業可以透過以下措施營造氛圍，打造良好的場域。

1. 及時公布 PK 資訊

每天在 LINE 群組或者 Discord 群組等公司溝通媒介公布 PK 資料和資訊，公布 PK 差距，形成你追我趕的氛圍。及時公布資訊，讓排名在後的人知道別人超越他了，讓排名在前的人知道被別人追趕上來了，大家咬得很緊，勝負不明，這樣 PK 的氛圍和感覺就出來了。例如：某企業業務團隊 PK 過程中，某一方在群裡發「ＸＸ 大區開發新客戶一個，銷售額 500 萬元，距離我方目標還差 1,000 萬元」，並刷上 10 朵小鮮花，然後所有人黏貼複製並傳送到群組裡，群組裡就被洗版了，能量在群組裡炸開，你追我趕的氣氛就出來了，PK 一方公布相關資料，就會給對手造成一種緊張感、壓迫感、恐懼感，資訊越即時效果越好。

2. 標語激勵

製作橫幅或易拉式展架，將挑戰雙方的口號放在顯眼的地方，讓所有人隨時可見，這樣可以時刻提醒員工，他們正在為榮譽而戰。

3. 及時總結

總結分為部門總結、班組總結、個人總結，每天、每週、每月進行總結，部門負責人對績效優秀的員工進行及時鼓勵和表揚，對績效落後的員工進行輔導，大家共同幫助其改善績效，形成互幫互助的良好文化氛圍，同時通報PK對手的戰報，給團隊打氣。

4. PK遊戲化玩法—抽獎大轉盤

原理：利用轉盤的娛樂性，將小小的PK變成工作與娛樂相結合的團隊激勵機制。

道具：製作一個「抽獎大轉盤」，轉盤上標注有小禮品、紅包等物質類獎項，也標注一些精神類激勵，如唱一支歌，跳一支舞，五分鐘真心話大冒險等。

應用：適用於個人之間的PK，在部門夕會或晨會中進行。

效果：打造良好的部門氛圍。

● 六、召開PK總結大會

表彰會是對先進員工的表揚和對落後員工的鞭策，讓所有員工願意爭先，勇於爭先，樂於爭先，營造人人爭先的氛圍。表彰大會的召開應注意以下幾個方面：

- 會議前準備工作要充分，提前宣傳、造勢；

- 會議召開的整個流程設計要合理、緊湊；
- 會議主持人和主講人要反覆演練，說話要有話術，主持人對會議流程要熟練掌握；
- 會中音樂配合要默契，其他輔助工作要分工好；
- 如果獎勵現金，由 PK 輸家頒發給 PK 贏家；
- 對贏的人大力褒獎，給予榮譽、掌聲、鮮花，表揚一次讓其終生難忘；
- 主講人要對下一次 PK 的獎勵進行價值塑造；
- 不斷要求種子選手參加 PK 挑戰，號召更多的人參與。

第三節　對賭及樂透機制

一、PK 的另一種形式 —— 對賭

什麼是對賭？具體怎麼操作呢？舉例如下。

行銷部門確定 3 月分對賭產值目標，部門經理拿 25,000 元、業務人員拿 5,000 元作為賭金，假設一個部門有 5 個業務員，賭本金就是 5 萬元。如果 3 月分完成 500 萬元業績目標，賠付比率是 1：2，部門完成產值目標，則公司拿出 10 萬元給這個部門作為團建基金。如果 3 月分完成 600 萬元業績目標，賠付比率是 1：3，部門完成產值目標，則公司拿出 15 萬元給這個部門作為團建基金。如果 3 月分完成 750 萬元業績目標，賠付比率是 1：4，部門完成產值目標，則公司拿出 20 萬元給這個部門作為團建基金。但是，如果 3 月分未完成 500 萬元業績目標，賭輸了賠付比率是 2：1，那麼這個團隊除了將 5 萬元對賭本金上繳公司外，還要再拿出 5 萬元。

對賭是一種調動積極性的方法，要用在刀口上，不能經常用。比如：

用在開年作為一個好起點，調動全員的自信心。再如，放在年底衝刺，作為一個全年的收尾。對賭不能每月都實施，大家會厭倦。另外，除了對賭業績、收款外，對賭的內容還有很多。比如：對賭客戶數量、客單價、目標完成率、客戶滿意度、轉化率等。對賭的內容，是公司當下最看重的關鍵指標。

對賭可以是部門和公司對賭，在部門內部也可以是部門負責人與員工進行對賭。對賭的操作方式如上所述，一般都是部門負責人從自己的獎金裡或者部門的經費裡撥出一部分來操作。

傳統對賭是用現金，在積分體系裡也可以用積分的形式進行對賭，操作思路跟現金是一樣的。

二、團隊 PK 中的樂透機制

為什麼大家明明知道能中大獎難上加難，但還是一窩蜂地去買？

答案很簡單，因為大獎實在太誘人了！

樂透機構將彩民的零散的錢收集起來，然後拿出部分錢來化零為整，形成一個巨型炸彈，對每個彩民都非常有殺傷力！

團隊 PK 激勵也一樣，如果對每一個團隊成員平均發放一點小獎，就會造成僧多粥少，大家更沒有感覺。不如將所有小的獎勵集中起來，形成一個大獎，聚焦激勵最佳人選，定能讓大家尖叫！物質獎勵要有殺傷力，獎金的額度如果超過員工一個月的薪資，誘惑力還是非常大的。下面我們透過一個案例說明如何在 PK 中運用這一機制。

實施背景：

某公司銷售系統分成了四個大區，每個大區分配五個行銷經理，公司本來設定了月度銷售超額獎。經財務測算，由於今年公司產品銷售毛

利率較低，在銷售達標的情況下，每月只能拿出 10 萬元進行激勵，如果按月發放超額銷售獎的話，將如毛毛細雨，達不到激勵效果。

解決辦法：

將月度激勵改成季度激勵，透過團隊 PK，只獎勵季度收款最高的團隊。

效果呈現：

30 萬元大獎集中激勵，瞬間引起銷售團隊的競爭，團隊積極性和榮譽感就像化學反應一樣，很快被調動起來，當年四個大區的平均收款成長率都超過年度目標。

第四節　PK 挑戰操作注意事項及價值點總結

一、PK 挑戰操作注意事項

1. PK 目標（指標）要簡單

單一指標以數字為準，要盡可能量化，一般為對公司業績產生作用的關鍵指標，如銷售額、成長率、客戶數、生產量、產品合格率、返工率、交期達成率、成本費用率等；如果是多個指標，需要明確指標權重及綜合得分計算方式，這些需要得到雙方的認可，避免誤會。

2. 要有明確的獎勵，且公平、公正、公開

PK 的最終結果，一定要做到「公平、公正、公開」。比如：我們可以舉行「PK 群宣會」、「PK 兌現會」、「PK 再起航」等會議，對勝利注入儀式感，獎勵及時兌現，懲罰及時執行，既要讓員工有成功的喜悅，也要有「痛的領悟」，最後「不服來戰」約定下次 PK。

◆ **PK 的核心是：賽、晒、篩**

公平參賽，及時晒數據、晒喜報，篩選一場具有代表性的 PK 進行宣揚以激勵其他員工積極參與。

◆ **獎勵兌現要及時**

結果公布後一週內兌現獎勵和處罰，不能拖時間，否則員工的興奮度早就過了，需要再次點燃激情就需要花更多的精力。

◆ **獎勵或處罰方式**

榮譽證書、錦旗、獎盃、紀念章、現金、積分、燭光晚宴、吃苦瓜、伏地挺身等。

3. PK 週期要適當

太頻繁會導致過猶不及，人的天性就是喜新厭舊，所以週期不宜太長，如基層以周或月為主，中層以月度或季度為主，高層以季度或半年度為主，項目週期長的可分解目標至較短的週期內，按照分解的目標進行 PK。

4. PK 挑戰對象要分層、分類

如果 PK 挑戰的對象沒有分層，讓優秀員工和中等表現的員工 PK，中等表現的員工和平時比較落後的員工 PK，這樣的結果當然失去了公平性、競爭性，輸的員工經常輸，贏的卻總是那幾個老員工。久而久之，大家都不願意再 PK 了。

PK 要有不確定性，就像打麻將一樣，再好的牌技也不能保證下一局一定贏，永遠想著下一局會贏，這樣才有 PK 挑戰的樂趣，每個人才有參與的動力，越打越有精神。要讓每個人都有贏的希望，讓每個人都有獲勝的可能性，如果每次都是那幾個人贏，其他人看不到希望，大家就不願意再玩了。

5. 中高層幹部需要帶頭進行 PK 挑戰

在企業實際操作中，PK 挑戰做得好不好，關鍵在於幹部團隊的煽動和刺激。首先，中高層幹部之間要帶頭實施 PK 挑戰，激發團隊的凝聚力和向心力，讓團隊成員為了實現目標而擰成一股繩。其次，中高層幹部要點燃團隊的戰鬥欲望和團隊的熱情，鼓動員工進行 PK 挑戰，營造氛圍，讓員工為了榮譽而戰。具有帶動能力的中高層，相當於一根火柴，能點燃員工的激情和希望。

6. PK 挑戰要循序漸進，也需要文化傳承

有一些企業老闆很羨慕別的公司的文化，一提到別人家的文化便讚不絕口：「你看人家公司的 PK 文化，那真是說到做到，員工自己會許下承諾、制定目標，一旦完成不了任務，伏地挺身、深蹲一百個一百個地做，那叫一個震撼，回去我也要帶著員工這麼做！」

PK 文化是需要塑造的，而且需要自上而下樹立榜樣，從小 PK 到大 PK，從小範圍到大範圍，最理想的開展順序是先部門，再小組，後個人。在企業執行 PK 機制時，可以從管理好、業績狀況好、部門負責人執行力強的部門試點，試點的時間以 3～6 個月為宜，邊試邊調整，要以點帶面，產生輻射的作用，切不可一哄而上。

企業成熟執行後，PK 挑戰要想得到傳承和複製，就要讓員工把 PK 當成一種習慣，而習慣要從一開始就要養成，所以從新員工入職培訓開始就要植入 PK 文化。

另一方面，在公司的各項活動中都可以採用 PK 挑戰，如團隊培訓學習時，按照團隊和個人進行 PK，按照團隊和個人的積分排名進行獎勵。

二、PK 的價值點總結

透過上述分析和闡述，相信大家都能理解 PK 對企業和員工帶來的諸多益處，總結如下：

1. 為企業注入活力

打破一潭死水的現狀，產生鯰魚效應[06]，在員工之間形成不滿足現狀和不甘平庸的氛圍。

2. 增加員工動力

建立奮發向上的 PK 文化，充分調動員工工作熱情，讓 PK 獲勝者成為其他員工學習的榜樣和追趕的目標。

3. 挖掘員工潛力

點燃在 PK 中的失敗者未來獲勝的意願，激發自身潛能，開啟學習與成長的智慧之火。

4. 檢驗員工能力

在 PK 過程中觀察雙方的表現和狀態，不僅是結果，過程中的不放棄、積極面對挑戰的堅韌心態也非常重要，所以 PK 也是鑑定和辨識人才、檢驗員工綜合素養和能力高低的有效方式。

5. 強化企業合力

透過 PK 活動，可以有效培養團隊精神，強化團隊內部的情感交流和思想溝通，達到相互學習、增進友誼、增強合力的效果。

---

[06] 管理心理學的一種策略，強調公司人力流動的重要性。

第三篇　積分制實施應用篇

第六章　積分結果應用

第一節　新時代激發個體新方式

一、墨子的八字激勵方針

價值評價是一個組織的利潤管理系統，可以毫不誇張地說，價值評價管理＝企業利潤管理，評價的目的只有一個，那就是滿足客戶價值主張，提高客戶滿意度，為利益分配奠定分配依據。只有分配得好，才能激勵得好，而只有激勵得好，才能真正有效激發個體，確保個體績效的可持續性達成。激勵的核心是價值和價格的交換，也就是我們經常提到的激勵機制和約束機制。

企業和員工之間是利益相互滿足、價值彼此成就的關係，只有各取所需，才能達到和諧相處、持續雙贏。也就是說，激勵機制和約束機制要並存，激勵機制要解決員工要什麼，企業能不能給的問題，約束機制要解決企業對員工有什麼要求，員工能不能做到的問題，在這裡我們主要談激勵機制，約束機制在其他章節做詳細介紹。

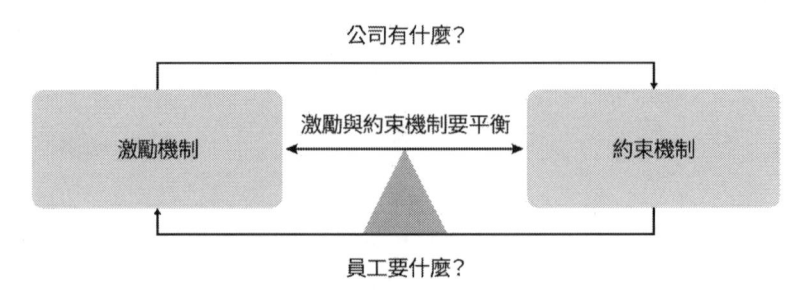

▲ 圖 6-1　激勵與約束機制的平衡

第六章　積分結果應用

有效激勵員工，首先要知道不同層級、不同管理序列的員工在企業中到底希望得到什麼？什麼是他們最為看重的？到底是為了鍍一層金，日後跳槽增加資本，還是為了學到東西，能力得到提升，這些是企業經營者必須花費時間、深入思考的問題。

時代變了，環境變了，激勵對象變了，但很多企業依然在用十多年前，甚至是 20 多年前的思想和激勵手段來管理當下的員工。

現代商業戰場危機四伏，在微利時代，企業發展遭遇了很多瓶頸，原材料價格節節攀升，企業生產成本不斷攀升，訂單不足，設備閒置率提高，老闆如坐針氈。有了訂單生產不出來，更是壓力山大。利潤下滑嚴重，老闆累死累活，員工動力不足，傳統激勵方式已然失效。那該如何激勵當下的員工呢？

筆者的課堂上曾經有一位老闆憂心忡忡地說：「我在 A 市經營一家電子公司，公司目前發展得還算順利，但是現在的員工不但難招，而且還難管。『七年級』你可以批評，他們基本上是不會離職的，因為有車貸、房貸壓著他們。但是面對『八年級』，尤其是『後段班』，原有的那套管理模式就行不通了，不要說對他們嚴格管理，就是在分配任務、開會談話的時候都要小心翼翼，還要看他們的臉色，否則立刻給你丟一張離職申請單，霸氣地說『老子／老娘不幹了』，老闆只能站在風中凌亂了。」

很多年輕員工家境殷實，那如何激勵他們？如何讓他們持續性地產生高價值的績效行為？

在企業管理中，老闆的管理困惑越來越多，員工的薪資、獎金越開越高，但是工作積極性仍然不高，執行力也不高，人才也並非越來越穩定，企業的凝聚力也並非越來越強，問題到底出在哪裡呢？有老闆感嘆，現在的老闆們要全能，要懂經營，要懂 ISO 體系認證，要懂繪圖，最重要的是要捲起袖子幹，幹得還要比工人既快又好。

151

第三篇　積分制實施應用篇

《孫子‧虛實篇》有言：「故兵無常勢，水無常形。能因敵變化而取勝者，謂之神。」商場如戰場，面對強大的競爭對手和激烈的市場競爭，管理者只有主動學習、深度思考，走在變化之前，才能化被動為主動，化危機為機遇。

我們在感慨的同時，也在深深思考，如何才能突破當下的管理困局？

其實，很多管理問題就出在沒有對員工實施全方位、立體化的組合激勵模式。這種組合激勵模式到底包含什麼內容？其實，春秋時期的墨子就給出了明確的答案。

墨子提出「兼愛」、「非攻」、「尚賢」、「尚同」、「天志」、「明鬼」、「非命」、「非樂」、「節葬」、「節用」等觀點。墨家與儒家並稱「顯學」，有「非儒即墨」之稱。

在《墨子‧尚賢》中有這麼一段記載，有人問墨子：「然則眾賢之術將奈何哉？」墨子回答：「譬若欲眾其國之善射御之士者，必將富之、貴之、敬之、譽之，然後國之善射御之士，將可得而眾也。」

這段話翻譯過來就是：用什麼辦法才能使賢人增多呢？墨子答，假如要增加這個國家擅長射箭、駕車的人，一定要使他們富有，使他們得到尊貴身分，時時尊敬他們，給他們榮譽。這樣，國家中會射箭、駕車的能手就會出現並一直增加。

其實，針對當前企業管理中的種種困局，我們的先賢墨子早就給出了答案，那就是墨子的八字方針「富之、貴之、敬之、譽之」。

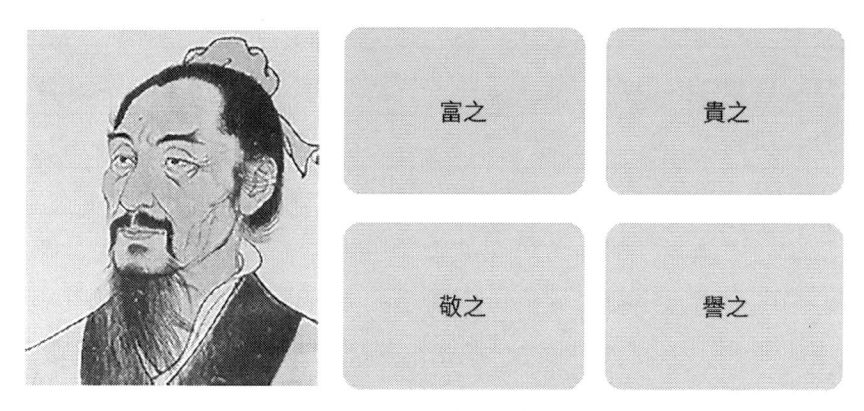

▲ 圖 6-2　墨子的八字激勵方針

1. 什麼是「富之」呢？

很多人認為這還不簡單嘛，就是用錢「砸」！錢給多了，不是優秀的人也變成優秀人才了。但問題來了，在當下的經營環境下，企業有多少錢可「砸」？如果「砸」的方式不對，分錢的方式不好，「砸」下的錢可能一點水花都沒有。況且，一味地用錢「砸」，會導致公司管理的風向標變了，整個公司充斥著一股「銅臭味」。

我們從來不否認物質激勵是激發員工主動性的第一要素，是排在第一位的激勵手段，但不是唯一手段。根據效用理論，當管理者對員工支付的薪酬越高，邊際薪酬的成長對員工的激勵作用卻越小，從而使得員工的行為也越來越趨向保守和不思進取，不利於企業發展。同時，隨著達到某一期望的距離縮短，員工期望會不斷下降，使其付出努力的激勵效果也會不斷下降。

企業應當不斷提升員工的物質收入水準，但是，當員工的薪資獎金不斷提升時，其價值貢獻也應當水漲船高，也就是說員工物質收入的提升應當符合「價值＝價格」的規律，否則企業替員工加薪就變成了加成本，這也是目前很多企業用工成本不斷提升，但公司銷售額和利潤原地

打轉，甚至倒退的原因。

還有一個值得重視的現象：在一個企業裡，往往員工的薪資開得越高，獎金越高，人才可能流失得也越快。因為薪資、獎金高的人，往往是技術好的人，管理水準高的人，銷售能力強的人，是老闆最信任的人，是掌握資訊最多的人，只有他們最有實力，因此最容易被挖走。所以在企業中，經常出現高薪資、高獎金的人說離職就離職，公司處於被動狀態。

2. 什麼是「貴之」呢？

如何讓企業中的一小部分人變成企業的「貴族」呢？是讓他不斷晉升，還是賦予更高的權力？答案是股權激勵。股權激勵是把兩個沒有血緣關係的人變成一家人的激勵模式。有這麼一個故事，新婚夜，新娘看到有隻老鼠在偷吃米，羞澀地對新郎說：「快看，有隻老鼠在偷吃你家稻米。」第二天早上起來，新娘又看到那隻老鼠，二話不說把拖鞋拍過去喊道：「敢偷吃我家稻米！」雖然這只是一個笑話，但是值得深入思考。

孟子的八字激勵方針，實際上告訴企業經營管理者，激發個體要打組合拳，要從物質、精神、歸屬感多個維度進行組合激勵。只有組合激勵，才能達到激勵效果的最大化，單一的激勵模式效果有限且不可持續。

3. 什麼是「敬之」和「譽之」？

這個也很簡單，就是只要員工取得進步，就要不斷表揚他，不斷誇獎他，從激勵的屬性來講，這是員工精神的訴求，精神激勵在當下顯得越來越重要，因為員工對精神激勵的需求度越來越高。精神激勵屬於花小錢辦大事的激勵模式，很多傳統企業在員工精神激勵方面都需要重新思考、重新規劃、重新設計。

二、激發個體和組織的「九陰真經」

相信很多人都看過金庸小說《射鵰英雄傳》,「九陰真經」是金庸小說中最負盛名的武學祕籍,其內容包羅永珍,從內功到招式,一應俱全。「九陰真經」出世後,由於其載有破解各大門派武學的方法,遂引起江湖群雄的爭奪,掀起一番腥風血雨。江湖中人一直明爭暗鬥,欲將之據為己有,期間不僅掀起武功上的比拚,還牽引出種種感情糾葛。

那麼,在管理中到底有沒有「九陰真經」,能夠激發個體、激發組織呢?

企業管理者要左手抓向外經營,挖掘客戶顯性和隱性的價值訴求點並加以滿足;右手抓向內經營,尤其是要抓組織能力建設,透過管理要效益將是企業對內經營的重要課題。企業要在對外經營滿足客戶要求的前提下,把管理的重心放到對內員工的經營上。唯有如此,在當下的經營環境下,即便訂單量下滑,訂單價格下降,企業也能夠獲得不錯的經營業績。

在 20 多年的管理實踐中,我們不斷從客戶、同行中進行學習,不斷研發、探索有效的管理模式,總結出了激發個體和組織的「九陰真經」。

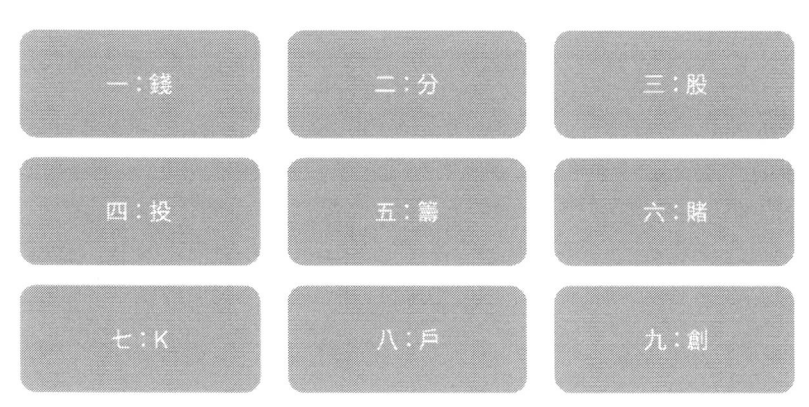

一:錢	二:分	三:股
四:投	五:籌	六:賭
七:K	八:戶	九:創

▲ 圖 6-3　激發個體、激發組織的「九陰真經」

第三篇　積分制實施應用篇

1. 錢

要建立有效的分錢模式，首先，經營者要轉變企業分錢的理念，從企業為員工發薪資，轉變為讓員工為自己賺薪資，讓員工為自己而做，自己為自己加薪，將命運掌握在自己手裡。其次，要讓價值等於價格，薪資推導任務，任務倒逼能力，以結果為導向，依照數據說話，按績效價值創造程度付費，最終達成增效、降費、減員、加薪的管理目標。

2. 分

積分管理是員工全績效評價管理系統，進行員工激勵，只有做到評價得好，才能做到分配得好，而只有分配得好，才能真正激勵個體，確保個體「多存糧食」。所以，任何沒有衡量員工價值貢獻度的分錢模式，都是混亂、痛苦的根源，根本達不到激勵的初衷。賞罰分明才是一個組織進步的發動機，而要確保發動機高速運轉，前提就是建立一套評價員工貢獻的價值評價體系。

3. 股

股權激勵主要是把兩個不相干的人變成一家人的過程。股權激勵涉及的內容包括：基於控制權的頂層金字塔股權布局、股權結構設計、法人治理結構、員工持股平臺搭建、股權稅務籌劃等。透過股權整合企業上下游資源鏈，對內透過一系列股權激勵工具（在職股、群眾募資股、超額利潤分享、儲蓄股、指標群眾募資、年終獎金等模式）的應用，達到激勵員工、提升管理、解決具體管理問題的目的，促進管理效益提升，保留核心人才。

4. 投

萬科開啟了中國房地產專案跟投的先河，碧桂園利用專案跟投模式，先後啟動了「成就共享」、「同心共享」專案跟投模式，在短短幾年的時間超常規發展，迅速登頂住宅地產王者寶座。在很多網路企業、高科技製造業、軟體公司，也借鑑了專案跟投模式，均取得了不錯的效果。

5. 籌

這是筆者公司創新研發的股權激勵工具，群眾募資（又稱眾籌）模式是對外部群眾募資平臺對專案進行群眾募資的模式和思路，進行了系列更新、優化，而在企業內部實施。群眾募資工具主要是指標群眾募資、專案群眾募資、事件群眾募資、年終獎金等，群眾募資模式具有以下幾個價值點。

- 與虛股相比，它需要員工既出錢又要出力；
- 與實股相比，它不改變股東所有權結構，不用擔心企業失去控制權；
- 與乾股相比，它的分配率是浮動的；
- 解決了員工只能共創共享利益，而不能共創共擔風險的問題；
- 可籌人、籌錢、籌智、籌資源。

6. 賭

對賭也被稱為估值調整協議，原指投資人與融資方在達成投資協議時，對於未來約定條件成就與否及其後果的一種約定。如果約定條件實現，則融資方可行使某種權利，如果約定條件未實現，則投資人可行使另一種權利，對賭激勵就是在這樣的基礎上創設而來。在股權激勵或者股權融資的過程中，因雙方對公司估值不能達成統一認知，簽訂了帶有

第三篇　積分制實施應用篇

附屬條件的協議，被稱為估值調整協議。

而現在許多公司將對賭工具引入企業，作為管理工具加以應用。以中國的海爾為例，其設定了企業與員工的對賭共享機制，「對賭」是指海爾與小微（員工組成的小團隊）事先簽訂對賭協議，承諾小微目標價值及公司分享利潤的空間，如小微達成了對賭目標，則按照約定比例分享對賭價值，並在小微團隊內部自主分享給小微成員，根據成員的貢獻值和對賭目標分享不同的薪酬。隨著對賭機制的完善與發展，對賭應用的領域越來越廣，包括銷售目標對賭、研發專案對賭、重大事件對賭等。

7. K

企業應用 PK 模式，是為了營造積極向上、創新、競爭的公司氛圍，PK 對於企業來說一點都不陌生。當下，越來越多的企業將 PK 機制奉為激發團隊動力的重要手段。PK 利用人性中爭強好勝、不服輸的特質，其特點是簡單、易行，PK 應用得好，可以在短週期內極大地調動員工積極性，在公司內營造比拚趕超的管理氛圍。

8. 戶

在企業經營管理中，老闆每天都是「996」[07]，天天都是「白＋黑」，老闆為什麼會有這麼大幹勁？誰來激發老闆的工作熱情？其實答案很簡單，老闆都是自我驅動型，老闆實施的是自我激勵，老闆都是在為自己而幹。

再思考一個問題，員工為什麼需要激勵？因為員工是在為別人做事。為自己做，遇到困難時可以不講條件，不問緣由；為別人做，就需

---

[07] 早上 9 點上班、晚上 9 點下班，中午和傍晚休息 1 小時（或不到），總共工作 10 小時以上，以及每週工作 6 天的工作制度。

要講條件、講代價、講激勵。我們常說激勵模式不對，激勵效果白費，錢就像打了水漂，一點浪花都沒有，花出去的錢變成了成本，達不到預期的激勵效果。所以，從這個角度上講，我們要在企業內部大量培植個體戶，讓員工自己為自己而做，在獲得個人利益的同時，滿足企業對員工的業績要求、行為要求。

要把每個職位的員工都作為個體戶來對待。個體戶的特點就是，做得多賺得多，做得好賺得多，本質上就是多勞多得、少勞少得、不勞不得，所以能夠極大地激發員工動力，能夠在極短的時間內使業績指標發生向上的變化，取得意想不到的結果。

9. 創

創業成功後，企業營運最難解決的問題是什麼？

一是骨幹流失，二是無法持續進行業務創新、產品創新，無法形成企業未來新的利潤成長點。很多企業為什麼前期的日子比較好，後期發展變得愈發困難，和這兩個因素息息相關。企業發展到一定階段，原有的激勵模式已達到瓶頸，吸引不了企業骨幹。另外，這些加盟的骨幹，他們的訴求越來越多，今天要求加薪，明天要和你談股權，後天說要出去自己創業，因為能力強的高管都想當老大。今朝不如往昔，勞動關係雙方之間的關係已在悄然發生變化，再加上國家所提倡的「大眾創業、萬眾創新」，使得很多人決心自己創業做老闆。

為什麼一些企業僅是曇花一現，為什麼一些企業所謂的競爭就是打價格戰？為了搶占市場，搞得狼煙四起、血雨腥風，其結果就是殺敵一千自損八百，這都是是骨幹流失變成競爭對手、缺乏創新模式而導致的結果。

未來，企業數位化管理，網路行動化管理，公司平臺化、員工創客

第三篇　積分制實施應用篇

化管理，將是企業管理的三大風向標，所以我們可以大膽預測，未來不再有公司，只有平臺；未來不再有老闆，只有創業領袖；未來不再有員工，只有合夥人，這種管理模式的變化，將是對現有企業管理理念、管理方式的突破和革新，甚至是顛覆性的突破。

現在很多公司都紛紛規劃、實施企業內部創客平臺的打造和建設，雖然模式多樣，但均取得了斐然的成果。

一個雞蛋從外面打破，就成為人類的食物，但從裡面打破，則是新生命的誕生。企業家的使命就是不斷規劃新業務，讓每個專案都能夠「孵化」出來，能夠讓企業有源源不斷的符合客戶需求的產品上市，這樣企業才會有新的利潤成長點，才能讓企業活得滋潤一點，活得長久一點。

第二節　快樂積分大會

一、快樂積分大會的價值與意義

筆者曾在網路上看到一位教育工作者釋出的原創文章——〈召開快樂會議，為積分管理定期加油〉，大家可以從中體會到召開快樂積分會議的意義。

以前不懂得什麼叫快樂會議，後來參加過數次積分管理培訓之後，才懂得了快樂會議是積分管理實現閉合循環的關鍵環節，也明白了自己原先應用積分管理效果尷尬的原因，積分管理沒有形成閉合系統，難怪用著用著就形同虛設了。

簡言之，快樂會議就是積分結果兌現獎勵的主題班會。在這個主題班會上，可以有儀式感地頒發各種獎勵，讓學生們體驗被認可、被表揚的喜悅。至於獎勵的類別和形式，班導師完全可以八仙過海，各展所

長，利用自己手頭能用的資源或創意達到讓學生們重視積分的目的。

我們的週快樂會議以口頭表揚和頒發晉級喜報為主。月快樂會議除了精神表彰獎勵，還有物質獎勵。我們學校是寄宿制中學，平時學生在校一週能吃到的水果有限，從前年開始，我們班級的月快樂會議就是水果快樂會議，一直到現在，孩子們都很喜歡，很期待。

我會提前買一兩種水果或其他一些小零食，利用班會課的時間召開專題積分表彰會。每到這時候，學生們特別開心，整層樓的同學們都羨慕得不得了。

有些老師可能會問，班導師買水果給學生們，錢從哪裡來？這個真的不用擔心。一次幾百塊錢，每學期開四次，根本花不了多少錢，卻換來班級幾十個學生的快樂和幸福滿滿的時光，超值！

有學生悄悄告訴我：「老師，您真好！我長這麼大，只有您一位老師為我們買好吃的。」我笑了，我也沒吃虧呀，我換來的是學生們對積分的持久重視和追求，換來的是輕鬆管理班級的幸福和與學生們越來越親密融洽的關係。

這個月，我們班快樂會議的獎品是好吃的果仁酥和甜心橙，還有幾十錢一大包的爆米花！花錢不多，快樂不少。積分優勝團隊和個人會多領到一份好吃的，看把他們樂的。國二的學生了，跟個小孩子似的，那份自豪和榮譽遠遠超過了手中的那點水果和零食。雖然只是一份爆米花而已，在教室裡吃和在家裡吃的味道可是絕對不一樣的喔，尤其是全班同學一起吃的感覺更是超級難忘。

本月又有 7 個同學積分滿 300 分，興奮地領到晉級喜報。

有位同學經過不懈努力和奮鬥，積分終於滿 200 分啦！他已經期待這張喜報很久了，每天都在小心翼翼地算，有沒有扣分，有沒有獎分？目前積分是 201 分，可是他已經興奮地不知如何表達啦，從上週開始就問我什麼時候發晉級喜報給他啊，現在他終於拿到手了。

剛拿到晉級喜報，他就說：「老師，我期末的時候能不能賺到 300 分

第三篇　積分制實施應用篇

啊？」我說：「只要你想，只有目標，沒有問題。」這句話還是借用我在積分管理培訓課上學到的一句話呢，超級管用，超級勵志！

快樂主題班會的時光總是過得快樂而短暫，這是積分結果應用的加油站。就連選水果也是按積分排名來的，其實大的小的也差不了多少，但那種優先去選的優越感和自豪感是截然不同的。

使用積分管理的老師，除了在積分標準、積分生成和積分記錄的簡捷、實用上下功夫，一定不能忽視了快樂會議的重要作用。沒有快樂會議的加油助力，時間久了，學生就會對加分失去新鮮感和動力，積分管理的效果也會大打折扣。

快樂會議有固定的流程，但不一定是固定的模式，特別重要的是必須要有明確的目標，那就是透過快樂會議展現積分的價值和用途。召開快樂會議，主題大於快樂，一定要把老師的思想和引領策略融入其中，為日常積分管理持續注入動力。

最後，需要提醒的是，對學生的獎勵一定是精神大於物質的，精神獎勵是常常有，天天有，週週有，物質獎勵只能是偶爾有或月月有，毋須花費太多，略表心意即可。召開快樂會議也不要占用老師太多的精力，更不能增加老師的負擔，多想點辦法，利用智慧，讓學生加分有目標，快樂有期待，使快樂會議變成班級常態化主題例會，自然就簡單了。

這位教育工作者真是管理高手，把積分管理用於學生身上產生了很好的效果，把快樂會議的操作注意事項也進行了詳細的介紹。

其實，在企業中應用快樂會議，也有異曲同工之處。快樂會議營造快樂的氛圍，認可員工的點滴貢獻，進行表揚和鼓勵，讓員工感受到快樂，而快樂會提升幸福感，幸福感也是企業的核心競爭力。下面是一家企業對於企業積分快樂會議的描述，大家可以再次感受到快樂會議的魅力所在：

積分制快樂會議，簡單的快樂，不凡的意義。有時，生活中的欣喜常源於一個不經意的善舉被人在意，一顆堅毅善良的心靈被人讚揚，一種積極向上的心態被人鼓勵，一次不求報酬的付出得到肯定……積分制將這種快樂帶到了工作中，企業的凝聚力被強化，員工的工作激情被點燃，企業文化與企業氛圍在潛移默化中固化昇華，企業發展的原動力漸趨強韌有力。

最後我們總結快樂積分會議的意義與目的，主要包括以下幾個方面：

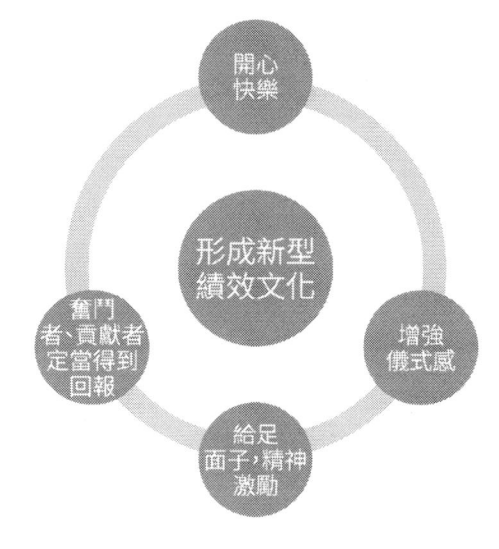

▲ 圖 6-4　快樂積分會議的意義

1. 開心快樂

員工在高強度工作中要緊繃弦，也要適當放鬆，實踐證明，大部分員工心情愉悅，工作效率也會提高。舉辦快樂會議，就是讓員工適當休息，透過一系列活動安排，讓員工暫時放下緊張的工作，放鬆心情，調整到最佳狀態，以更加飽滿的熱情投入到後面的工作中。

原阿里巴巴人力資源長彭蕾曾說過，阿里巴巴打造的工作氣氛是外

鬆內緊。我們是非常講究執行力的公司，以結果為導向，但是這是內緊。我們也非常希望營造一種很寬鬆的環境，讓員工快樂地工作，快樂地生活。公司必須為自己的員工解壓。馬雲也曾表示：讓員工快樂工作是好雇主應該做的事。

美國催化顧問集團公司總裁萊斯麗・耶基斯（Leslie Yerkes）在其所著的《快樂去工作》（*Fun Works*）一書中寫道：對成功的慶祝會帶來無盡的快樂。僅僅肯定成功是不夠的，我們還要為之慶祝。得到肯定後，人們會再做同樣的事；為之慶祝後，人們就會形成這樣做事的習慣。若想成功地融合快樂與工作，那麼慶祝成功需要成為工作內容的一部分。

眾所周知，每個人都希望得到肯定和表揚，而慶祝則可以提供人們繼續前行的動力，提高工作績效，從而為將來的成功埋下伏筆。慶祝是一件令人快樂的事情，不要因為時間緊迫等原因將慶祝從工作中剔除，工作過程中的慶祝會進一步促進快樂與工作的融合。當慶祝與工作同步進行而不僅僅在工作結束後舉行時，慶祝能夠讓人們在接下來的工作中更加投入。

2. 增強儀式感

我們的生活需要儀式感，儀式感會讓人們變得更加幸福。張愛玲說過：「生活需要儀式感，儀式感能喚起我們對內心的自我尊重，也讓我們更好地、更認真地去過屬於我們生命裡的每一天。」

企業的持續經營和發展壯大，需要一支充滿活力與熱情的團隊來實現。而儀式感，就是為這個團隊注入活力與熱情的最好方式！儀式感也是生產力。2002 年，諾貝爾經濟學獎獲獎者、心理學家丹尼爾・康納曼經過深入研究，發現我們對體驗的記憶由兩個因素決定：高峰（無論是正向的還是負向的）時與結束時的感覺，這就是「峰終定律」。而人們的活

力與熱情，最主要就是靠記憶來影響的。當某項活動能夠令我們想起過往經歷中的活力與熱情洋溢的情節時，我們的行動就會更加強勁有力。儀式感是最直接強化峰終定律的方式。

生活需要儀式感，企業需要儀式感，團隊管理更需要儀式感。儀式感能夠喚起我們內心的自我尊重，從而讓我們承擔起更大的責任，把事情做得更好。很多企業舉辦的有儀式感的活動往往很少，一般在半年度或年度會議時進行優秀員工的頒獎時才會有那麼極少的一兩次。我們每月或每季度舉辦積分快樂會議，開展頒獎儀式，給予優秀員工足夠的尊重和重視，讓頒獎儀式足夠隆重熱烈，受獎者往往心潮澎湃，觀眾也會熱血沸騰，這種記憶往往會貫穿工作過程中的很長一段時間。

二、如何召開一個有效的快樂積分大會

積分快樂大會成功召開，需要注意以下幾個關鍵點：

1. 提前策劃與演練

要想成功地舉行一場活動，必須要精心策劃和準備，根據快樂會議需要達成的四大目的策劃會議流程，準備相關節目、道具和物品、遊戲等。表 6-1 是某公司遊戲式積分快樂大會流程表，大家可以參考。

表 6-1　遊戲式積分快樂大會流程表

序號	流程	負責人	內容要求	所需物資
1	會前準備及會場布置	人力資源部	堅持「人人參與」的原則，每一位員工都要參與到會場布置的過程中去，並根據員工做的事情給予對應的積分獎勵。	

序號	流程	負責人	內容要求	所需物資
1	會前準備及會場布置	人力資源部	會場布置及準備包括但不限於以下內容： (1) 主席臺、主管及員工座位擺放（每個部門積分排名第一的員工座位與主管座位在一起） (2) 抽獎轉盤、禮品準備：負責禮品的清點和擺放 (3) 暖場PPT準備目的：現場循環播放積分排名高的人員，各類積分單項獎獲獎人員VCR；PPT封面：××公司員工積分快樂大會 (4) 暖場音樂、頒獎音樂準備目的：用於暖場及頒獎，音樂歌曲要激昂 (5) 橫幅張貼××公司員工積分快樂大會；積分管理讓奉獻者定當有回報	海報、氣球、PPT、音樂等

序號	流程	負責人	內容要求	所需物資
1	會前準備及會場布置	人力資源部	(6) 積分照片牆準備（做足儀式感，要讓員工有面子）有條件的可以在會場兩側懸掛積分排名靠前員工的照片或者在 PPT 上植入員工照片並配以音樂或者歌曲 (7) 節目彩排 參演人員提前把所要表演的節目準備好；表演節目內容可以多樣，舞蹈、獨唱（歌伴舞）、小品、樂器獨奏等不拘一格；表演節目按照形式與品質形成階梯狀（依據節目特點與品質安排節目表演流程）	海報、氣球、PPT、音樂等

第三篇　積分制實施應用篇

序號	流程	負責人	內容要求	所需物資
2	準備入場	人力資源部	與會人員做好簽名；部門負責人負責本部門人員清點統計。原則上要求公司每一位員工都必須參加快樂會議，積極參與企業快樂會議，也是員工集體榮譽感與責任感的集中展現。對於無法參與快樂會議的員工，會有扣分警示	簽到表
3	開場互動	主持人	快樂大會倒數計時，全體員工一起高喊3、2、1，營造會議快樂氛圍。鼓勵會議現場所有與會人員把現場活動上傳到社群平臺，熱情開場，主持詞舉例如下：各位同事們，大家好，今天是我們第十一期的快樂會議，祝大家玩得開心！一分耕耘，一分收穫，自從積分制管理走進我們的企業，我們的工作中湧現出了一股積分潮，快樂積分，快樂工作，用積分來激勵工作，用工作來贏取積分……	倒數計時軟體

第六章　積分結果應用

序號	流程	負責人	內容要求	所需物資
4	士氣展示	主持人及各部門	(1) 各部門原地展示、整齊有力、有創意、士氣盛，形式可以多元化 (2) 節目主持人可以簡短點評	根據各部門所需準備
5	公司舞蹈	領舞	要求：投入、熱情	主動上臺領舞及參與表演的，有積分獎勵
6	主管致辭總結	公司高管	(1) 總結上月成績與不足 (2) 表揚好人好事 (3) 提出希望	
7	頒獎儀式	主持人	(1) 獲獎名單公布 (2) 獲獎者上臺領獎、嘉賓頒獎 (3) 上臺領獎時播放音樂、電子鞭炮，嘉賓由公司高管或總經理／老闆擔任，如果有可能的話，邀請獲獎員工的家屬進行頒獎 (4) 獲獎分享 (5) 讓關鍵獲獎者想好獲獎感言，頒獎現場發表感言 (6) 合照留念 (7) 上臺領獎人員與總經理（老闆）合照	獎盃、錦旗、證書、獎金、禮品等；相機
8	成功經驗分享	主持人	(1) 分享成功經驗 (2) 激勵員工	分享者的積分紀錄

169

第三篇　積分制實施應用篇

序號	流程	負責人	內容要求	所需物資
9	上月 PK 挑戰兌現	節目負責人	遊戲、節目、帶熱整場氛圍：企業認可員工的各項技能特長，鼓勵有表演特長的員工在快樂會議上進行節目表演，在展示自我、獲得積分的同時，把快樂帶給其他員工，真正實現「快樂工作、快樂生活」的目標。特別是對於第一次上臺表演的員工，每人給予積分獎勵 有意思的小遊戲會帶動氛圍，部分遊戲參考附件	根據需求，對表演節目人員進行積分獎勵，如獎勵 200 分
10	部門目標設定	公司高管	(1) 宣讀 PK 結果 (2) 上臺奉上 PK 積分牌 (3) 勝方簡單分享	積分牌
11	本月 PK 挑戰公布	公司高管	(1) 部門負責人集中上臺 (2) 宣布本部門目標及達成獎勵和無法達成的懲罰 (3) 與臺下部門人員共同宣誓，展示決心	相機
12	生日祝福	公司高管	(1) 部門挑戰（PK 積分 500 分） (2) 個人挑戰（PK 積分 200 分）	白板、白板筆、相機；PK 挑戰結果及積分獎勵紀錄

第六章　積分結果應用

序號	流程	負責人	內容要求	所需物資
13	月度工作安排	主持人	為了讓每位員工感受到集體的溫暖與關懷，快樂會議上為當月過生日的員工送上生日祝福。精心準備的蛋糕和鮮花，表達了企業對員工長期以來辛勤工作的肯定和感謝，也表達對員工的點滴關懷	蛋糕、鮮花
14	上月PK挑戰兌現	公司高管	(1) 本月公司整體目標和關鍵任務 (2) 公司目標和任務的分解，每個部門需要承接的重點目標和任務 (3) 對幹部和員工的工作要求 (4) 特殊獎勵計畫	電腦、投影儀

171

第三篇　積分制實施應用篇

序號	流程	負責人	內容要求	所需物資
15	快樂轉盤抽獎	主持人	快樂轉盤抽獎，讓員工獲得除積分、排名所帶來福利之外的額外獎勵，極大調動員工積極性；員工在平時工作中，每做一次貢獻，就獲得一次積分，每個部門積分排名前三名及達到10000分，可在快樂會議上抽獎所有員工上臺轉動抽獎轉盤，獎品設置豐富多樣。具體獎品設置原則參考附件	第一名抽獎5次；第二名抽獎3次；第三名抽獎1次
16	老闆動員	總經理	(1) 表示祝賀和感謝：對舉辦及參與整個快樂會議人員的表示感謝：對湧現出的優秀員工獲獎表示祝賀，並感謝員工在工作期間的付出 (2) 對優秀事蹟再次表揚：對工作中的典型優秀事蹟再次進行表揚和鼓勵 (3) 表達期待：希望更多的員工扎根職位，創造價值，獲得積分，成為職位「英雄」	

序號	流程	負責人	內容要求	所需物資
17	會議結束	主持人	朗誦使命、演唱激情歌曲：全體朗誦公司願景、使命和價值觀，合唱激情歌曲	快樂會議大旗

表 6-2　快樂積分會議方案附件

快樂積分會議方案

一、快樂小遊戲

快樂會議上不僅僅是透過精彩的節目把大家的情緒調動起來，其中遊戲環節更是引爆高潮的重要環節，小遊戲的參與感、互動感、可操作性可能更強於節目表演，可以準備的小遊戲如下：

1. 歌曲接龍

參與人：所有人

規則：制定主題，如「花」，每組必須唱含有「花」字的歌曲，哪隊接不上就算輸

評分：每組說出幾個得幾分

2. 你來比我來猜

道具：A4 紙張（寫好詞語）

人員：每隊派 6 位代表

規則：一個隊一個隊比。主持人把寫在紙上的詞語（或一句話）給第一位隊員看隊員 1 用肢體語言將看到詞語的意思傳達給隊員 2，不允許對嘴型，不允許發聲。隊員 2 按照自己理解的意思表演給隊員 3，以此類推，最後隊員 6 告訴大家他認為隊員 5 表演的是一個什麼詞語。說出結果與紙上的詞語意思最靠近的為過關。

3. 吃得快

這個遊戲一般指定公司高管來參與，主管們圍花頭巾的時候，現場經常會混亂，會有很多員工衝上來拍照。

道具：紅方巾 4 塊，圍兜兜 4 個，奶瓶 4 個，牛奶或啤酒 4 杯，小筐 4 個，假鬍子 4 個，提前灌好奶瓶

人員：4 位領導扮演「狼外婆」，4 位主管自選代表隊，另外每隊再派 1 名隊員扮演「小紅帽」

規則：4 隊同時比。主持人喊開始。「狼外婆」開始替自己繫頭巾、戴假鬍子然後背著小筐，跑向對面的「小紅帽」，替「小紅帽」繫好圍兜兜，餵「小紅帽」喝奶，最先喝完的一隊獲勝。

173

快樂積分會議方案
二、獎品設置
獎品設置的原則：價值不高，分量夠足，多次抽獎人員得抱著才能領回去，最好還是需要有人幫忙，讓其他的員工羨慕能夠抽獎。具體獎品參考如下：
①電磁爐：多個；②電鍋：多個；③精油：多瓶④；茶杯：多個；⑤毛巾：多條；⑥抽取式衛生紙：多提；⑦洗髮精：多瓶；⑧飲料：多瓶；⑨洗潔精：多瓶；⑩香皂：多塊；⑪牙膏：多盒；⑫茶葉：多盒；⑬大米：多袋；⑭工作服：多件；⑮牛奶：多瓶；⑯洗衣粉：多袋；⑰浴巾：多條；⑱現金：500元，多張；⑲現金：100元，多張；⑳遊樂園門票：多張；㉑電影票：多張：㉒電動刮鬍刀：多把：㉓有機蠶絲面膜多盒；㉔抱枕：多個；㉕美甲券：多張；㉖和總經理早茶：一次；㉗總經理專車接送上下班：一次：㉘直屬上司請吃飯：一次；㉙當企業內刊封面模特：一次；㉚休假：半天。

2. 節目（遊戲）創新

人都有喜新厭舊的特性，如果快樂會議的流程和當中的節目或遊戲安排沒有變化，每次都一樣，作為觀眾的員工也會覺得沒有意思，不願意參加。所以，我們在積分快樂會議的節目或遊戲設計方面要持續追求創新，替員工製造新鮮感，讓員工參加完以後仍然意猶未盡，期待下一次有不一樣的驚喜。

3. 要有驚喜感

給予積分排名靠前並且獲獎的員工一定的驚喜感，會讓他們更加難以忘記這項活動。企業在實際操作時可以在以下幾個方面考慮。

(1) 座位安排

獲獎人員座位按公司領導標準安排，有能力的情況下可以安排公司專車接來參加會議。

(2) 家屬參與

我們有學員的企業在舉辦快樂會議時，曾邀請家屬為獲獎員工頒獎，有些公司還會寄賀卡給員工的父母、愛人，首先感謝家人培養了如此優秀的員工，其次邀請家屬錄製小影片，或者邀請家屬作為神祕嘉賓表演節目或給員工進行頒獎等。

(3) 抽獎安排

快樂轉盤抽獎，讓員工獲得除積分、排名所帶來福利之外的額外獎勵，偶爾設定特別獎品，給員工驚喜，會極大調動員工的積極性。

4. 輪流主辦

如果讓一個部門主辦積分快樂會議，會產生兩個弊端：第一，會讓承辦的部門有一種江郎才盡的感覺，畢竟一個部門的創意是有限的；第二，由一個部門承辦，承辦部門需要請求相關部門協助，其他部門卻不知道、不理解整個舉辦過程中的難處，效果反而一般。

如果輪流主辦，首先，每個部門都可以發揮各自團隊的創意，在這個過程中也會增強團隊凝聚力，也有競爭的感覺在裡面，公司可以對快樂會議的舉辦精采程度進行評價，對排名靠前的組織策劃部門進行額外積分獎勵，這樣更能激發大家組織策劃的熱情；其次，每個部門都需要經歷活動組織、策劃和實施的過程，就會相互理解和支持，在這個過程中提高了溝通和合作的效率。

第三篇　積分制實施應用篇

第三節　積分結果的巧妙應用

一、怎樣才能在福利成本與員工滿意度之間進行權衡

企業用於福利的成本逐年增加，但基於固定福利模式，員工難以體會這一隱形成本開支。企業花費了大量的成本用於福利，員工的感知度和滿意度卻逐年下降。我們曾經的一個客戶，公司研發人員占絕大多數，研發人員性格內向，不善於溝通和交流，研發部門內部氛圍有些沉悶，人力資源部就建議公司每週三舉辦一場下午茶活動，安排公司員工吃些點心，邊吃邊做些交流。有一次，我們剛好在該公司做項目，在公司走廊裡就有兩個員工在交談。其中一個員工說：「人資部在幹嘛啊，點的下午茶這麼難吃，還不如不點。」筆者當時就在想，公司真冤枉啊，錢花了，員工還不滿意，老闆要是知道了，不得氣死才怪！大家再回憶一下，每年公司發的過年過節的福利，員工的滿意度究竟如何？大家心裡應該知道，這些福利不發不行，發了又沒有換回員工的滿意，到底是為什麼？我們認為，造成這種結果的核心原因有以下兩個：

◆ 第一，福利對所有人一樣

沒有差別，做好做壞一個樣，而且是企業直接發的，不需要員工花費努力和付出就能得到，沒有付出的獲得就沒有人會倍加珍惜。這樣發出去的福利就是成本，換回來的反而是抱怨和不滿。我們的積分結果運用就解決了這個問題，員工用積分進行兌換，或者達到一定的積分值才可以獲得，從底層邏輯上徹底改變了員工坐享其成，員工需要用自己的努力賺得相應的積分，用積分換回自己想要的東西，而且積分額度不一樣，獲得的報酬（享受的福利）就可以不一樣，這樣做一個轉化，兌換和獎勵靠的是價值貢獻，員工滿意度也會大大提升，企業和員工實現雙贏。

◆ 第二，企業發的東西不是員工需要的

每個員工的需求點不一樣，如果一個男員工剛好需要一個刮鬍刀，如果公司剛好可以滿足他的需求，這就會大大提升員工的滿意度。大家來看電視劇《宰相劉羅鍋》中的這樣一個情節，從中體會什麼叫稱心如意：

中秋佳節來臨，文武百官挖空心思，到處蒐集奇珍異寶獻給乾隆皇帝，盼著乾隆皇帝看到自己獻的禮物，一高興就替自己升官。和珅很想知道自己的死對頭──劉墉（劉羅鍋）會為皇帝獻上什麼生日禮物，他想著這個劉羅鍋一向標榜清貧廉潔，肯定沒有什麼拿得出手的禮物。

輪到劉羅鍋獻禮了，他讓人提了一隻大木桶進來，桶上用布覆蓋，誰也看不見裡面盛了什麼東西。和珅一邊看一邊想，難道裡面是黃金珠寶不成？可是劉羅鍋哪裡來的這些寶貝？木桶提到乾隆皇帝面前，桶裡的東西終於露出真面目，卻讓人跌破眼鏡，原來木桶裡裝的是滿滿一堆生薑。文武百官一片譁然，這個劉羅鍋膽子也太大了，居然拿一桶爛薑獻給皇帝，真是活得不耐煩了。

和珅趁機高聲質問道：「好你個劉羅鍋！居然用一桶薑給皇帝祝壽，你這是什麼意圖？你這是藐視皇帝，該當何罪！」乾隆皇帝也發話了：「劉羅鍋，朕知道你一向清貧廉潔，但你送給朕一桶生薑是何意？」劉羅鍋慢條斯理地說：「陛下，請您看一看，這桶生薑是什麼形狀？」乾隆盯著木桶看了又看，才回答說：「這桶薑好像是一座小山的形狀。」劉羅鍋趁機回答說：「皇上聖明！這一桶薑擺成山的形狀，就是『一桶薑山』，『一桶薑山』諧音就是『一統江山』，臣劉墉祝陛下千秋萬代，一統江山！」

乾隆皇帝這才明白「一桶薑山」代表的是「一統江山」之意，劉羅鍋果然聰明，用一桶不值錢的生薑搞出了「高大上」[08]的內涵，相比其他人送的禮物，太有寓意了！乾隆皇帝禁不住龍顏大悅，把劉墉狠狠表揚了一頓，還給了他很多賞賜。

---

[08] 高端、大氣、上檔次。

第三篇　積分制實施應用篇

● 二、積分結果應用範圍

1. 遊戲中的 PBL 理論

在講積分結果應用方式之前，我們來看看為什麼遊戲式管理可以對新生代員工進行有效的激勵。為什麼大家那麼喜歡打遊戲？遊戲到底有什麼魔力呢？

遊戲中的 PBL 包含三個要素：點數（points）、勳章（badges）、排行榜（leaderboards），被廣泛應用到產品的遊戲化系統中，這些機制對於提高遊戲的樂趣有很大的促進作用，也就是可以用來提高參與的意願度。

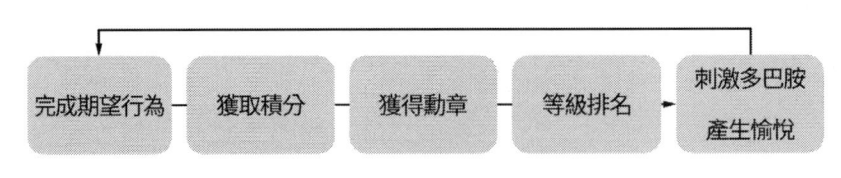

完成期望行為 → 獲取積分 → 獲得勳章 → 等級排名 → 刺激多巴胺產生愉悅

▲ 圖 6-5　遊戲中的 PBL 理論

（1）什麼是遊戲的點數？

在虛擬遊戲世界，玩家透過完成系統設計的主、副線任務關卡領取積分點數，利用積分兌換裝備、為遊戲角色增加屬性、協助玩家完成剩餘關卡。在現實的網路產品遊戲化設計機制中，使用者透過完成設定的期望行為領取積分，任務完成後的及時回饋讓使用者行為與期望行為相連結，累計的積分可以在積分商城兌換商品、獲得附加價值。

從這裡可以看到，點數是 PBL 理論三要素的基礎，對點數的通俗理解就是：希望玩家產生什麼行為，每個行為發生後，給予多少積分予以認可，以便激勵使用者完成任務。除了數字外，進度也是點數中的重要的一環，透過進度可以讓抽象的數字以更直觀的方式被感受到，透過進度的對比，也更能激勵使用者繼續完成任務。

(2) 什麼是遊戲的徽章？

對於徽章，可以理解為玩家完成各項任務後獲得的總積分。達到一定的積分，就可以獲得不同的勳章，以此來認可、獎勵玩家的行為，讓玩家產生愉悅感。徽章的魅力並不在於徽章本身，而是它背後所包含的情感，它在相當程度上所滿足的是人們的成就感、自豪感、征服欲。

勳章是授予有功者的榮譽證章或者標誌，在古代歐洲，為了區別在戰場上的騎士，一項名為勳章的標誌制度得以發展。每一個貴族都會設計出一個獨特標誌，製作在他的盾牌、外衣、旗幟和印章上。上面這段話有三個詞語是重點，有功者、榮譽、獨特標誌。有功者反映了勳章不是每個人都能獲得的；而榮譽則反映了勳章是榮譽的象徵，能帶給得主精神上的滿足；獨特標誌則區分了得主與其他人。

中國史書記載，秦軍打仗時，經常是光著膀子，拿著短劍，左手提人頭，右臂夾俘虜，以這樣一種生猛的戰鬥方式追擊敵人，其勇猛程度可想而知！秦國軍隊中的戰士凶猛如虎狼，在春秋戰國亂世中幾乎少有慘敗，軍隊成長速度和國土擴張速度讓人瞠目結舌，因此秦軍被稱為「虎狼之師」。秦國士兵之所以會這樣，與秦國的激勵制度有關，這個制度的設計師就是商鞅，商鞅變法使大秦帝國的軍隊成為虎狼之師，逐一殲滅各個諸侯國，最終實現了統一。

在商鞅的激勵體系中，最為核心的就是二十級軍功爵位制。商鞅變法後，秦國的將士們憑藉軍功即可封爵，負傷還有補償，秦國的兵卒也是按照斬殺敵人的數量來獲得封賞，所以秦國的軍隊有動力，只要拿著人頭立了功，就能夠升官領錢，俘虜擒回家就是自己的家奴，將士們靠英勇殺敵就能有吃、有穿、有地位，因此秦國的軍隊只要一聽說要打仗，那是格外的興奮與激昂。

如果從遊戲的角度來看，商鞅設計的二十級軍功爵位制，有點打怪

更新的味道在裡面。從踏上戰場就開始進入遊戲的角色，在戰場上砍下敵軍多少個腦袋，可以從一級變成二級，再砍下多少個腦袋，就可以從二級變成三級。如果你立了功，你可以再往上升，最大可以晉升為國家中央官，這讓很多貧窮農民有機會翻身，改變自己的命運，讓秦國士兵充滿鬥志！

下表是我們一家學員企業（網際網路公司）設計的學習力等級勳章。

表 6-3　某公司勳章等級設計

積分	勳章等級
學分 100 分以下	學渣
學分 100 分以上	學兄
學分 200 分以上	學霸
學分 300 分以上	導師
學分 400 分以上	救授

(3) 什麼是遊戲的排名？

排行榜一般基於某種積分或進度的累積，希望把付出了努力獲得較高積分的人展示出來，以示表彰、認可和激勵。排行榜可以讓玩家看到他人的成績及自己在排行榜中的位置，了解自己與頂端的距離，是有效的激勵機制。

美國連鎖零售商目標百貨設計了一款遊戲，使目標百貨裡的收銀員看似和其他收銀員沒有什麼區別，但他們的結帳速度卻是其他收銀員的 5～7 倍。奧妙之處在於，該遊戲讓收銀員每結完一單，都能從電腦螢幕上看到自己的結帳時間在所有收銀員中的排名，排名和當日獎金額度連結，日清日畢。此款遊戲的設計改變了計薪模式，增加了工作的有趣性，收銀員的工作積極性由此提高，結帳時間也大大縮短。

2. PBL 理論在積分管理中的應用

有這麼一則故事。有一位億萬富翁，想安度晚年，他沒有親人，只有一個做醫生的遠房姪子。姪子一直對他很好，他想自己過世後可以把財產留給姪子，姪子也會更好地照顧他。他如實地把想法告訴了姪子。果然，姪子很高興，隨後就增加了替他檢查身體的頻率和次數。沒想到就在他為自己的做法暗自得意的時候，一個老朋友告訴他，他姪子這麼做是想看看他是不是得病了，得病就高興呢！「啊？原來是巴不得我得病，好早點繼承遺產啊！怪不得每次檢查時的眼神有點怪怪的！」億萬富翁思考了一下，發現自己的激勵方法有問題。於是，他打電話給姪子說：「我們改變一下規則，我已經通知了我的律師，財產不一次性給你，這樣，從今天開始，我每活一天，你就繼承200萬元。」姪子隨後更增加了替他檢查身體的頻次。但不同的是，再也不希望他得病了，看他的眼神也親切多了，還想方設法為他均衡營養，因為能讓叔叔多活一天，他就多得200萬元！從此，這位富翁過上了舒適、祥和、愉快的晚年生活。

我們從這個故事中，能夠感悟到什麼呢？同樣是把財產給姪子，激勵方法不同，效果也大相逕庭。

如果管理層想要效益，就要轉換管理理念與方式，設計、實施多元化的激勵模式，不斷探索、嘗試、完善新模式及新方法。

目前，「遊戲化」作為一種全新趨勢，正在客戶管理、行銷、培訓、考核等多個領域開疆拓土，加之玩遊戲是人類的天性，遊戲化管理完全可以適應新時代員工的需求，企業可以充分運用遊戲化的思維模式和邏輯機制來激發員工的工作積極性，改變其行為方式，達成預期的管理目的。

例如：某線上遊戲公司推行的是經驗值管理模式，什麼時候替員工晉升和加薪，由「經驗值」說了算，級別到了就自動得到晉升或加薪的機會。而透過「遊戲式管理」系統自動晉升而加薪升遷，不必經過主管的批

第三篇　積分制實施應用篇

准。在傳統管理中，員工的加薪、晉升需由老闆或管理者決定，但在這裡，要靠看得見的「實力」說話。Facebook 的遊戲化績效管理模式、惠普的遊戲化銷售績效管理模式等均是成功的典範。

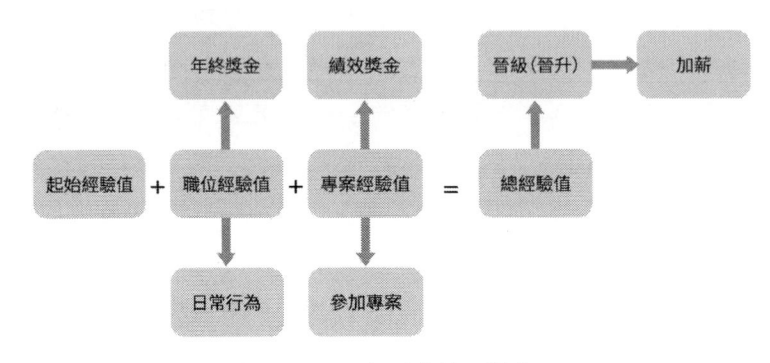

```
起始經驗值 ＋ 職位經驗值 ＋ 專案經驗值 ＝ 總經驗值
                ↓            ↓              ↑
              日常行為      參加專案       晉級(晉升) → 加薪
                ↑            ↑
              年終獎金      績效獎金
```

▲ 圖 6-6　經驗值管理模式

參加我們課程的學員企業，有的運用課堂上老師講授的遊戲化原理，在企業實施了地攤積分。所謂的地攤積分，是指員工可以用自己的積分兌換別人的物品，但是在兌換之前建立了一個兌換規則，比如你的積分排名在後十名，你就沒有權利在積分軟體中進行兌換，軟體系統對你積分的應用做了限制；如果你的積分排名比較靠前，家裡有電腦等閒置物品，就可以把圖片上傳到軟體裡，並標明多少積分或者金額可以兌換，其他人看到後就可以自由兌換了。但是以物換購積分時，你的積分只能作為消費積分，否則就會產生徇私舞弊的現象。

還有的學員企業每季度和重大節假日，都會線上和線下舉行競拍，公司調查研究後會購買員工感興趣的商品（激勵物）用來競拍，事先標明拍品的底價（積分），每次舉牌 50 積分，每次競拍競爭都異常激烈。在競拍前要建立規則，有權利參加競拍的人都是積分排名不低於前 80％的人，也可以依據組合積分排名的方式確定參與人員。比如：依據 A 分（制度分）＋ C 分（績效分）＋ D 分（貢獻分）的值進行排名，確定參與競

拍的入圍資格。總之，排名的方式多種多樣，靈活組合，既增加了趣味性，又利用排名進行了激勵，讓沒有資格參加的人突然「壓力山大」。

3. 積分結果應用的範圍

當今企業，在關於借鑑、優化、應用遊戲化的思維設計員工激勵體系方面，還需要不斷學習。

企業提供給員工的福利內容，不是讓制定者策劃自己想要的，而應該是員工想要的。我們經過多年的諮詢和實踐，總結出積分結果的七大應用範圍，供大家借鑑。

(1) 生活待遇激勵

◆ **員工宿舍**

對於達到一定積分額度的員工，可以根據積分排名分配給員工宿舍，排名在前面的可以分配單間或雙人間。該激勵方式一般在生產等一線員工中實施。

◆ **員工餐廳優先通道**

有條件的企業，在員工餐廳可以專門為積分排名靠前的員工開闢一條優先通道，這些員工買飯不用排隊。這樣操作，會讓其他員工投以羨慕的眼光，激發大家加分的意願。

◆ **工服顏色、佩戴徽章**

為積分排名靠前的員工定製不同顏色的工服或者設計有特色的徽章。

◆ **公司重大活動坐前排並有專屬座位**

公司年會等重大活動現場，為積分排名靠前的員工安排前排專屬座位，與公司主管一樣，製作座位牌。

第三篇　積分制實施應用篇

◆ **專屬車位**

有一些企業停車位特別稀缺，可以為積分排名靠前的員工安排專屬車位。

以上各類生活待遇類激勵手段，可以根據企業的現狀進行設計和安排，在投入資源可調配、簡單易操作的情況下，員工關心什麼，想得到什麼，就設定什麼，讓員工感受到被尊重和被別人羨慕的眼光。

(2) 旅遊活動激勵

公司可以根據積分排名或以積分兌換的形式為員工提供帶薪旅遊活動，如國內旅遊、國外旅遊活動。一般情況下，很多公司會根據排名或額度享受不同的旅遊線路。我們有一個學員企業，以前每年都有旅遊活動安排，在學習完積分後，他們在旅遊活動上進行了一個小創新，在這裡分享給大家。

企業人力資源部規劃了四個目的地，第一個目的地全員都可以去遊玩。當第二天早上大家盥洗完畢，要趕往第二個目的地時，不是所有人都可以去的，有一部分積分較低的人員就不能前往第二個目的地，得「打道回府」，另外一部分人前往下一個目的地。在戶外場地站成兩排，繼續前進和「打道回府」的分別站成兩排，雙方握手、相互擁抱，送別第一批啟程回公司的人。按照此種方式，最後一批達到最後一個目的地的人員，拍個小影片，大家齊聲說道：「家人們，希望下次在最後一站遇見你，加油喲！」拍完就發到公司群組裡，沒有到最後一站的員工還是受到刺激了，很多員工在私下告訴人力資源部，下次一定要爭取到達最後一站，這也是面子問題。

(3) 彈性福利激勵

◆ **積分兌換各種精美禮品**

很多公司在制定積分標準時提前考慮兌換比例，有些公司制定 1 分 ＝ 5 元，有些企業制定 20 分 ＝ 5 元，這種方式對映在員工的思維裡還是在賺錢，而且預算總額不易控制，對企業成本影響很大。我們建議企業在操作時，結合執行情況，在一定週期內，預算一定週期內的分數總額，根據福利預算再計算兌換比例。根據兌換比例和商品市場價格，轉換成需要多少分進行兌換。

企業在實際操作中，可以將小額度禮品多設定一些，降低兌換門檻，如一瓶可樂、一包洗衣粉、一盒牙膏，這樣員工在短週期內用積分就可以兌換，讓員工真正相信用努力付出的貢獻能夠換回真真實實的物品。企業不要把高價值的物品設定過多，低、中、高價值物品的比例越來越小比較合適。

◆ **個性化定製禮品**

為積分排名靠前的員工定製專屬禮品，根據不同場景和預算進行定製。其實不一定是價格貴的，最重要的是要能讓員工感受到自己被重視、被在意。筆者曾經參加一個 DISC 認證班，在課程結束後，主辦方為每一個學員發了一張照片，是由攝影師寫實抓拍的這名學員在課程中有精采表現的時刻。同時每個組的帶教為每個學員準備了一張手寫明信片，上面會寫一些鼓勵的話。這讓筆者備受感動，從事管理顧問行業這麼多年，參加過很多培訓，也舉辦過很多培訓，在收到禮物的那一刻，筆者感受到主辦方對學員的重視，也非常驚喜。照片加上明信片的成本不足 50 元，卻讓筆者感受到了主辦方的用心，他們的真誠令人感動。所以，一份誠意十足的禮品與價格無關。

第三篇　積分制實施應用篇

　　另外，禮品不一定是發給員工本人，也可以發給員工的配偶或者父母。我們有一個學員企業，在中秋節快要到的時候，為積分排名第一的員工父母準備了一盒月餅、一本員工在工作中精采瞬間的影集和一封信。大家可以從信件的內容中感受一下公司的真誠。

親愛的 xx 的爸爸媽媽：

　　你們好！

　　我是 xx 公司的董事長，今天非常開心也非常榮幸能夠跟叔叔和阿姨進行書信交流！

　　此刻我無比感謝叔叔和阿姨培養出這麼優秀的兒子（女兒），我更驕傲 xx 能在我們 xx 公司打拚奉獻，突破了公司產品研發技術瓶頸，開創了一條新的技術路徑，為公司開拓市場做出卓越貢獻！

　　xx 對工作認真負責，做任何事情都很細緻，執行力非常強，善於思考，公司的很多技術和產品研發任務都是在他（她）及他（她）帶領的團隊合作下完成的！xx 主動進取，會主動替上級分擔壓力，對他（她）的下屬更是倍加關懷，為公司培養了一支能打勝仗的研發團隊！公司員工對 xx 的評價非常高：他（她）不僅工作能力強，而且腳踏實地、積極進取、為人謙卑、樂於助人！很多客戶對 xx 的評價更是了不得，沒有他（她）解決不了技術難題！xx 公司取得今天如此好的成績絕對要感謝 xx 的努力付出，更要感謝的是叔叔和阿姨從小對 xx 細心的栽培和教育！

　　2019 年，公司要達成 50% 以上的業績成長，實現闖進行業前三的近期目標，用 3～5 年實現行業領導者的偉大壯舉！這就離不開全體員工，特別是 xx 的辛勤付出，我給二老報告一下我們公司培養人才的三大策略。

　　第一，營運機制。我們一直以來都以上市公司標準規範公司的發展！我們的目標就是成為行業領導者，成為一家具有社會價值和意義的上市企業！成就客戶，成就員工！

第二，薪酬機制。我們秉承不讓「能者」吃虧，薪酬激勵向奮鬥者和貢獻者傾斜的原則，讓奮鬥者享受最好的福利待遇是我們一直奉行的理念！

第三，員工成長機制。我們公司最大化幫助每位員工實現自己的職業夢想，為員工提供職業發展所需要的成長計劃和學習機會，實現職業發展，讓員工過上幸福、快樂的生活！

叔叔阿姨，最後給你們透露一個好消息，xx 已經被公司頒發「研發匠人」榮譽稱號，他（她）帶領的團隊獲得了「優秀部門」獎，他（她）本人獲得了「年度優秀管理者」獎。下次你們通電話時，可以分享一下這份收穫與喜悅！

xx 一直跟我們分享他（她）有一個偉大的目標，那就是：成為家族的驕傲！他（她）說他（她）為了讓父母和家人過上好生活，願意比身邊的同齡人更努力，更加嚴格地要求自己！xx 一直有一個心願就是帶二老去紐約看自由女神，我代表公司邀請二老在 8 月初與我們一起前往美國並盡情享受 5 天的旅行，所有的費用由公司承擔。

最後，我代表公司再次感謝叔叔和阿姨為我們培養如此優秀的人才，透過您兒子（女兒）xx 之前在公司的優秀表現，他（她）已經列入我們重點培養的對象。我們堅信 xx 如果繼續發揚優點，加強學習，未來一定能夠承擔公司賦予的更大責任，為公司創造更大的價值貢獻！叔叔阿姨，讓我們一起為 xx 祝福吧！相信他（她）在公司這個平臺一定會取得更大的成績！

我隨時歡迎叔叔阿姨前來公司做客！祝叔叔阿姨身體健康、萬事如意、天天開心！

◆ **員工專屬禮品**

針對公司特別強調的積分項目，可以設定專屬禮品。例如：公司鼓勵員工提出合理化建議，可以設定專屬禮品，與合理化建議這個積分項目進行關聯，當總積分達到一定數值時，合理化建議積分項目排名靠前

的可以兌換專屬禮品。

強調什麼，關聯什麼，員工就會關注什麼，員工不會做你期待的事，員工會做與自己利益相關的事，用利益機制牽引員工做公司想要的事是企業管理的趨勢。

◆ **積分兌換假期、遲到券等**

我們有一個客戶企業，有男性員工回饋自己的孩子上學，下午學校放學很早，每天由妻子接孩子放學，但總會有特殊情況，需要自己去接，請假吧，主管會有意見——這點小事都搞不定，還能成什麼大事；不請吧，對妻子不好交代——孩子又不是我一個人的。這令一些員工左右為難，事業和家庭難以平衡。企業在啟動積分項目時，就提出一項兌換政策：早退券（2個小時）。這項政策一推出得到了很多員工的青睞，不僅是接孩子放學，家裡有個特殊事情，都可以用積分進行兌換，提前請假即可，不用扣薪水，不影響全勤獎，不影響績效獎。

企業可以結合企業性質和員工特點，制定針對性政策，如遲到券、兒童節放假一天、脫單節放假一天、生理期全薪放假半天等福利政策，員工可以用積分進行兌換。在制定兌換比例時，企業可以模擬計算其價值，一般情況下，比實物的兌換比例要低一些，如實物是 50 分＝ 5 元，這些政策的兌換比例可以是 30 分＝ 5 元，甚至可以更低一些。

(4) 精神需求激勵

◆ **勳章等級**

大家可以看一下自己的購物、新聞網站等網際網路產品個人中心，很多平臺都根據自身所需要倡導的方面給予使用者以積分獎勵，達到一定分數後就會獲得相應的勳章等級，包括遊戲也一樣，過五關斬六將達到一定級別就可以獲得對應勳章。

回到企業，我們可以進行類似設計，在員工獲得一定的分數時給予晉級激勵，頒發勳章，讓他感受到經過努力奮鬥，分數在變化，自己的級別和勳章都在變化。這種設計還為員工設定了加分的目標，在什麼時間晉級，能拿到什麼勳章，這既是遊戲化設定，也是對員工非常好的精神激勵措施。

在不同的企業，管理者可以根據各自的企業文化設定不同的勳章等級，給不同的等級進行個性化命名，命名時也不一定按傳統的方式，可以結合一些新時代員工的偏好進行命名。表 6-4 是一家企業結合遊戲中的一些名稱進行排名的，供大家參考。

表 6-4　某企業勳章等級個性化設計

星級／勳章等級	英雄兵王	傳奇勇士	超級先鋒	無敵戰神	榮耀王者
一級	10000	15000	20000	25000	30000
二級	35000	40000	45000	50000	55000
三級	60000	65000	70000	75000	80000
四級	85000	90000	95000	100000	105000
五級	110000	115000	120000	125000	130000

◆ **流動紅旗（黑旗）**

我們常常在企業內部看到這些有意思的場景，交旗團隊的員工捨不得把流動紅旗交出去，經常會找各種說法，就是不情願把象徵榮譽的旗子交出去。

再放我們這一個月嘛，就再放一個月嘛！

沒有，什麼旗子？我們找不到了，忘記放到哪裡了。

我們把旗子掛高點，掛到天花板上，他們來收的時候就拿不到了。

我還會再拿回來的，下個月見。

第三篇　積分制實施應用篇

上面這些話是不是很耳熟，一面流動紅旗也是一面最強戰旗，它承載的是一個團隊的榮譽，但它會被交給次月的菁英團隊，旗在哪裡，代表最優秀的團隊就在哪裡。流動紅旗也是一份沉甸甸的責任，它是團隊汗水與艱辛的凝聚，是一份金光閃閃的榮譽，它展示著大家努力的成果和豐碩的成績。下面是一家企業內部爭奪流動紅旗的宣傳語。

奪！戰鼓聲聲齊奮進，我不拿旗誰來拿！

守！錦旗獵獵勵鬥志，旗落我手休放走！

戰火已燃，看旗落誰手！

再苦再累，勇者無畏！

上面的宣傳語還是很有氣勢和影響力的。有些企業不僅有流動紅旗，還會有流動黑旗。在我們一個學員企業裡面，非常強調榮譽激勵，每一個銷售團隊都進行競爭，每個月度積分前三名的部門獎勵紅旗，發象徵性的獎金，團隊成員上臺領紅旗的時候個個臉上笑開了花；對於積分排後三名怎麼辦？就獎勵黑旗，員工和主管一起上臺領黑旗，發表感言，在領黑旗的時候還要象徵性地罰款，罰 5 塊錢，這對於員工來講就是榮譽激勵的負向激勵。當員工和主管領回來黑旗的時候，這面黑旗就掛在辦公室裡，所有員工看到黑旗的時候，都在想我們下次應該打個翻身仗。部門負責人在開會的時候，也會號召團隊一定要把這面黑旗變成紅旗。

◆ **優秀部門、優秀員工等榮譽稱號和榮譽證書**

一到年底，很多公司都會評選優秀部門、優秀員工，但是這也給人力資源部門帶來了煩惱，到底怎麼評選？用什麼標準？除了績效考核結果還要參考哪些因素？下面看一下某公司釋出的優秀員工的條件和標準：

- 品行端正，敬業樂業，工作積極主動，具有良好的團隊合作精神；

第六章　積分結果應用

- 遵守公司各項規章制度，在日常工作和生活中產生模範帶頭作用；
- 業務素養和技能水準優良，積極上進，善於學習，在本職職位上發揮重要作用，出色完成本職工作任務；
- 在公司經營管理、安全、節能等方面主動提出合理化建議，為公司創造良好效益或在其他方面做出了突出貢獻。

評選過程一般是主管推薦、上級稽核，公司組成評選小組進行評選。但如果就上面的評選標準，主管也會很痛苦，到底推薦誰、不推薦誰，左右為難，有的部門甚至會選擇由幾個員工輪流坐莊。

現在有了積分就不一樣了，可以用積分結果進行評選，直接排名或者積分捆綁式排名均可以用數據展現，對入選人員再做一個綜合評選即可，大大減少了各級主管的煩惱，沒有評上的員工也會心服口服。對真正優秀的員工的即時認可和激勵是管理者必須完成的功課，如果這種評選過程有失公允，長此以往，公司的文化氛圍也會變味，優秀的員工也會流失。

利用積分結果評選出的優秀員工和優秀部門，實至名歸。在頒發獲獎人或者團隊榮譽稱號時，對優秀員工可以以榮譽證書或獎盃的形式發放，對優秀團隊可以是錦旗或者獎盃形式。發放榮譽的時候，企業需要讓過程具有儀式感。

如果頒發榮譽，讓員工上臺領獎，整個過程平平淡淡，既不能更好地激勵獲獎人，也不能有效感召其他員工向優秀員工學習。所以我們在頒發榮譽時一定要感同身受，樹立榜樣，形象生動地描述員工的貢獻。至少要讓員工感受到公司的真誠、努力和用心，而不是隨意頒發一個不那麼重要的獎項。下面看一下筆者曾經工作的一家企業在年度會議中對優秀主管和員工的頒獎詞。

第三篇　積分制實施應用篇

傑出經理及先進集體頒獎詞：

　　他們卓越經營、銳意變革，他們關心下屬、勇於擔當，他們是企業 200 多名幹部的傑出代表。他們帶領的團隊富有戰鬥力，充滿熱情，不畏艱難，用智慧和力量開拓事業；他們努力打拚，不斷創新，各項工作都取得了顯著成績，為公司的發展做出了重要的貢獻。

　　傑出經理：○○○

　　在 ×× 中心有這樣一名大區經理，他，堅忍不拔，帶領著大區永遠走在模式變革的第一線。

　　他，勵精圖治，改變了銷售業績停滯不前的窘境；他，奮勇進取，實現 2018～2019 財年業績翻番，更是在 2019～2020 年，僅用半年的時間就達成全年發貨指標的 110%，發貨共計 3.5 億元的傲人業績！他就是 ×× 行銷中心 ×× 大區大區經理──○○○！

　　傑出經理：○○○

　　她 10 年來一直是業務骨幹，她在不斷學習和實踐中提升自己，不斷挑戰新的高度。作為一名產品經理，她負責的 ×× 產品連續 6 年 50% 以上複合成長，成為區域客戶指定購買的第一品牌；她負責的新產品 ×× 當年銷售過千萬；她領導的部門，業績一直高速增長，她的團隊，業務能力大幅提升。她，就是 ×× 產品部經理──○○○！

　　傑出經理：○○○

　　他，積極踐行公司的幹部精神，貫徹公司全員行銷的理念「走向前端，服務行銷」；

　　他，帶領團隊積極探索適合企業的計畫管理模式，推動企業計畫管理模式成功轉型；

　　他，配合公司，快速響應行銷，推動固化全品安全庫存＋訂貨點法，為 2019 年計畫服務行銷打下了堅實的基礎。他就是來自供應鏈系統企劃部經理──○○○！

企業十大優秀員工頒獎詞：

他們把自己的工作當成一種神聖的使命，即便是最普通的一個職位，也能夠以最高的標準，展現自己的人生價值，讓青春無怨無悔，讓人生綻放光芒！他們是職位英雄，是我們學習的榜樣和楷模！

十大優秀員工：○○○

在 2019 年 8 月，他榮獲了行銷中心的「鐵靴獎」，靠的是勤奮進取，積極向上的工作熱情，更是憑著奮勇打拚、兢兢業業的工作態度。

在 2019 年，他取得了年度發貨達成 380％，收款達成 385％ 的優異銷售業績！翻倍超額完成全年銷售任務的成績單！

他，就是 xx 行銷中心 xx 大區 xx 分區業務代表 ── xx！

十佳員工：○○○

他勇於擔當，帶領分區團隊超額完成分區指標：發貨達成率為 180％，收款達成率為 160％，高居行銷中心榜首；他是一名合格的好主管，勤奮好學、團結同事，培養下屬，分區內的所有社區在 2019 年均完成任務指標；他也是客戶的「及時雨」，4 年的業務經歷夯實了他的產品和應用知識的基本功，為零售店和客戶提供整套的應用解決方案。他，就是行銷中心 xx 大區 xx 分區經理 ── ○○○！

十佳員工：○○○

他是一位來自鄉下的勤勞、踏實的年輕人；他加入公司 3 年時間裡，用他的刻苦和好學，終於破繭成蝶。

2018 年，他帶領著小組，致力於原料上游市場與成本結構的研究，為公司策略採購控制成本達 5,000 多萬元；

2019 年，他和小組輾轉數地，走訪國內上游廠商近百家收集情報，為 20 年的採購決策打下堅實基礎；

2019 年，他和團隊一起開源節流，積極展開原材料外賣業務，實現銷售毛利近五千萬元；

第三篇　積分制實施應用篇

　　他就是供應鏈系統採購部主管──○○○！

　　十佳員工：○○○

　　身為男子，心細如女子，一張張報表、一個個報告、一份份備案、一聲聲叮囑……都從他的手沒有任何偏差；緊跟的事，沒有結果，絕不放過，堅毅、責任和謙遜是他最好的品格；無論多忙，事多雜，他的臉上永遠掛滿了招牌式的微笑，給你的是信任和溫暖。他就是總經辦祕書──○○○！

　　……

　　上面這家企業的年度優秀幹部和員工的頒獎詞可能不是那麼完美，但一定是公司深入挖掘員工的故事後寫出來的，這個過程對於員工來說也是一種認可，值得企業借鑑。另外，員工接受頒獎的照片可以參考上文中的方式寄給親人，讓親人一起分享員工獲獎的喜悅。

　　精神激勵大部分是正向激勵，有時企業也可以採用負向的激勵方式，但是這種形式不能經常做，而且做的時候一定不能侮辱員工人格。

◆ 小創新、小發明以員工名字命名

　　在中國的海爾冰箱廠，就有以操作工高雲燕命名的「雲燕鏡子」。這位女工負責給電冰箱門體鑽孔，以前鑽完後需要把門體翻過來，才能知道孔眼鑽好了沒有，既制約操作，又影響品質和效益。後來，她在鑽臺前面放置了一面鏡子，操作時可以清楚地觀察到鑽孔情況，大大提高了加工品質和進度。僅在海爾冰箱公司，這種以員工名字命名的小發明就有很多項，如為方便操作、防止霜按鈕極易脫落難題而發明的「曉鈴扳手」，為方便操作、防止燒壞冰箱壓縮機漆面而製造的「啟明焊槍」等。凡海爾集團內員工發明、改良的工具，如果明顯地提高了勞動生產率，可由所在工廠逐級上報廠職代會研究通過，以發明者或改良者的名字命名，公開表彰宣傳。

員工獲得積分的同時，給予這樣的「命名權」，既是榮譽，也是對員工的高度尊重，激勵效果十分顯著。

◆ **照片上牆（公示欄進行海報張貼）**

在企業的辦公空間的空白牆和走廊的空白牆上，可以製作優秀員工照片牆。每個公司都可以建立優秀員工照片牆，表彰先進員工，弘揚優秀的企業文化，不斷增加員工的歸屬感和自豪感。企業在實際操作中可以正向宣傳，也可以以正負相結合的方式進行宣傳。

◆ **重大會議進場有專人陪伴，安排專門座位**

企業舉行重要活動時，讓積分排名靠前的員工有專車接送，專人陪伴進入會場，安排專座，可以比公司高管的禮遇都要高，用這種小措施，會讓員工真正相信公司以奮鬥者和貢獻者為本的人才觀，更加願意去奮鬥、去奉獻，沒有後顧之憂。

◆ **單項獎**

企業各個部門可以根據業務需要向公司統一申報設定單項獎，並分配對應的積分進行獎勵。例如：某些企業的研發部門設定技術突破瓶頸能手、最佳專利、新銳產品、物料成本降低獎等；某些企業業務部門設定銷售冠軍、收款冠軍、成長冠軍等；某些企業生產部門設定技能大賽冠軍、火眼金睛獎、金算盤獎等。

同時企業可以根據積分項目，按照排名設定單項獎，再次獎勵相應積分。例如：考勤積分排名靠前的設定小蜜蜂獎；導師項目積分排名靠前的可以設定最佳導師；合理化建議積分排名靠前的可以設定智多星獎；推薦人才項目積分排名靠前的可以設定伯樂獎；企業文化積分排名靠前的可以設定文化貢獻獎等。

有些企業擔心設定這麼多獎項會不會有問題，擔心員工沒有興趣，或者起不到激勵效果。其實企業的這種擔心是多餘的。獎項越具體越好，這就是導向，設定這些獎項表明企業關注這些，希望員工在這些方面做出貢獻，並會對做出貢獻的員工給予積分認可，這樣員工也會跟隨企業的方向而努力發展。同時，企業還可以對這些項目積分排名靠前的員工頒發獎項再次認可，進一步強化公司的積分導向。

(5) 資格晉升激勵

◆ 成為股權激勵對象

企業在做股權激勵時可以設計在員工積分額度達到一定數值後，方可成為股權激勵對象。在這裡可以根據員工累計全部積分來評價，全部積分可以反映該員工在企業從入職到現在的所有貢獻值，也可以按照捆綁操作的思路，年資積分、文化積分、績效積分和貢獻積分達到各自對應的數值後，方可成為股權激勵對象，這樣的操作反映公司看重這幾個方面。具體捆綁哪些積分項目，企業可以根據實際情況靈活設定。

積分結果不僅能篩選激勵對象，而且可以在股權定價方面做差異化處理，可以根據積分排名不收、少收、足額收股權款項。

◆ 事業合夥人升降級資格

企業可以根據員工當年度積分排名及各類積分數值，制定事業合夥人資格的升降級規則，如表 6-5 所示，這種設計讓激勵對象不敢懈怠，不能想著已經具備相應資格就可以放鬆、坐享其成了，必須在下一週期內繼續創造價值貢獻，賺足積分才能夠晉升或保住當前的資格。同時也讓員工看到希望，達到多少就可以晉升到上一級，晉升到上一級就可以享受其他激勵。

表 6-5　事業合夥人升降級資格

合夥人類型	合夥人定位	晉級標準	事業合夥人物質與精神激勵模式			事業合夥人短、中、長期股權激勵模式			
			年終獎金	調薪	彈性福利	群眾募資股	增值權股	期權	實股
資深合夥人	長期奮鬥者	積分排名／績效積分／貢獻積分／文化積分	√	√	√	√	√	√	√
高級合夥人	奮鬥者	積分排名／績效積分／貢獻積分／文化積分	√	√	√	√	√	√	
中級合夥人	貢獻者	積分排名／績效積分／貢獻積分	√	√	√	√	√		
初級合夥人	一般工作者	積分排名／績效積分／貢獻積分	√	√	√				
新進員工		／			√				

(6) 物質待遇激勵

◆ 年度調薪

應用積分排名進行調薪，參考如表 6-6。

表 6-6　應用積分調薪

積分等級	卓越	優秀	合格	需改進	不合格
等級符號	S	A	B	C	D
積分排名	前 10%	10%～20%	20%～50%	後 10%～20%	後 10%
年度調薪幅度	升 3 級	升 2 級	升 1 級	降 1 級	降 2 級
備注	公司或者部門人數較多時，可根據積分排名百分比來確定加薪幅度，如公司排名、中心排名、部門排名、班組排名等。				

◆ 季度、年度獎金

有兩種設計思路，具體如下：

- 按照積分額度直接計算。根據獎金總額和部門員工的積分值進行計算，個人獎金＝部門獎金包總額×80%×（個人積分額度÷部門每個人的積分額度之和）。其中部門獎金包剩餘 20% 由部門主管進行分配或者留作部門下一年度活動經費。

- 按照積分排名確定係數後間接計算。根據獎金總額和部門員工的積分值進行計算，個人獎金＝部門獎金包總額×80%×［個人積分係數 × 職位價值係數÷（部門每個人的積分係數 × 職位價值係數之和）］。其中部門獎金包剩餘 20% 由部門主管進行分配或者留作部門

下一年度活動經費。職位價值係數參考職位評價結果，積分係數根據積分排名進行設計。

表 6-7　積分排名與積分係數

積分等級	卓越	優秀	合格	需改進	不合格
等級排名	前 10%	10%～20%	20%～50%	後 10%～20%	後 10%
積分係數	2	1.5	1	0.5	0

(7) 人才盤點

在人才盤點的應用中，九宮格可以讓我們直觀地看到人才的位置及分布情況，所以也有人直接將九宮格稱作「人才地圖」。企業常用的九宮格有兩種：

- 經典九宮格：使用績效和能力或態度這兩個維度的九宮格，是企業在進行人才盤點中常用的一種人才地圖，即綜合來看人才的過去和現在，推測人才的未來可能性，我們稱這個九宮格為「經典九宮格」。經典九宮格比較常見，也容易操作，很多企業在業績不理想或者人員整體勝任力不足的時候會選擇經典九宮格，以快速盤點內部人員，確定下一步的行動計畫。
- 高潛九宮格：在企業中另一種經常使用的九宮格是使用績效和潛力這兩個維度的，它適用於企業業績比較穩定且人員的整體能力水準都不錯的情況，盤點著眼於未來，目標是發現高潛人才。這種九宮格也被廣泛使用，我們稱為「高潛九宮格」。

無論是什麼九宮格，在能力、態度、潛力的評價上還是存在一定的主觀性。用積分結果進行人才盤點具有較高的靈活性，數據化程度更高，我們可以透過靈活分配積分項目，按積分項目的分層分類排名把員

工放入九宮格中,再召開人才盤點會議,用數據說話,可信度更高。我們以積分排名建立九宮格為例闡述如何用積分資料進行盤點。

- 橫軸:績效(C1 + C2 + C3 分合計),不一定每個員工都有三項,可以選用其中的一項或兩項,按照部門或層級進行排名,分成高、中、低三個級別,可以按照高占 20%,中占 60%～70%,低占 10%～20%。
- 縱軸:態度和潛力(C4、A、D、E 分合計),在縱軸中,企業可以根據實際盤點的需要,選擇全部或部分積分項目納入縱軸積分排名,分成高、中、低三個級別,可以按照高占 20%,中占 60%～70%,低占 10%～20%。

企業可以建立一個或多個二維排名,根據積分排名情況綜合判斷員工的狀態,對症下藥,也可以建立多個二維排名。下圖是某企業根據積分結果建立的九宮格:

表 6-8　某企業應用積分結果建立的九宮格

態度和潛力／績效	優秀 (10%～20%)	中 (60%～80%)	需改善 (10%～20%)
優秀(10%～20%)	1 明日之星	3(B+) 當下之星／ 中堅力量	7 需改進者
中(60%～80%)	2 當下之星／ 中堅力量	4(B) 穩定貢獻者	8 需警告者
需改善(10%～20%)	5 職位英雄	6 平庸者	9 需剝離者

◆ 明日之星

1號格子裡的人員一般不超過10%，他們的績效表現持續超過績效目標，態度和潛力表現都堪稱其他人的榜樣。IQ高、EQ高的業務骨幹，未來可以承受更多壓力，在各種職位上的可塑性都很強。

對於1號人員未來的管理策略是：重點培養發展，制定個性化保留策略，納入接班人（明日之星）計畫，給予綜合類的培訓或給予更多責任，給予激勵傾斜；近期可以提拔一兩級，或者盡快地完成薪酬調整。

◆ 當下之星（中堅力量）

2號與3號格子裡的人員整體比例一般在10%左右。2號格子的人員績效成績優秀，但態度和潛力中等。3號格子的人員績效中等，但態度和潛力優秀。這兩類人都是企業的中堅力量，也是需要重點培養和發展的。

對於2號人員未來的管理策略是：他們是有優點但也有缺點的「狂人」，需要3個月～1年的培養週期，可以提拔到更高一層級，給予更多的指導和評估，鼓勵做職位英雄或開發其潛能。

對於3號人員未來的管理策略是：他們是受保護的衝鋒者，需要3個月～1年的培養週期，可以提拔到更高一層級，設定業務挑戰目標；給予更多的要求及壓力，並進行指導、點撥，幫助其提升績效。

◆ 穩定貢獻者

這部分人在企業占比多，是企業的大部分骨幹人群，是長期穩定的貢獻者。

對於4號人員未來的管理策略是：設定挑戰性績效目標，並重點開發、培訓，以更勝任其現有職位，讓其在原來的職位上獲得更多進步；重點保留。

201

第三篇　積分制實施應用篇

◆ **職位英雄**

能夠持續達成期望的績效目標，但潛力普通，是企業的「古意人」，很難提升到更高職位，但也是企業不可或缺的人。

對於 5 號人員未來的管理策略是：培養員工忠誠度，給予更多的認可、穩定和關愛，給予合理的激勵方式；配置導師，幫助其提升能力符合職位未來的新的要求；重點保留。

◆ **平庸者**

這部分人績效不錯，能比較好地達成績效目標，但態度和潛力都普通，工作行為上存在不足。他們一般被稱為混日子、安於現狀的人。

對於 6 號人員未來的管理策略是：要給這些人員業績壓力，限時改善業績，並給予培訓機會，促進業績達標；業績無法持續提升或有更合適人選時，可考慮調整職位或剝離組織。

◆ **需改進者**

他們是有個性的「新人」或不投入的「老人」，可能存在兩種情況：新提拔的人才，由於在崗時間不長，還沒機會做出業績；員工做出了非常大的努力，但是由於外部客觀原因沒有做出業績。

對於 7 號人員未來的管理策略是：點燃他們，分析績效差的原因，是因為新提拔還在學習中？目前職位是否不適合他們？還是他們對這份工作沒有興趣？設定觀察期，如果績效不能明顯提升，可以考慮調職。

◆ **被警告者**

這部分人有一定能力，但業績無法達標，能力還未轉化為績效，或許是目前職位安排影響了其能力發揮，或許是工作方法需要提升。在企業內部可能是新人或有小聰明、執行力差的人。

對於 8 號人員未來的管理策略是：給予警告，考察、分析他績效差的原因，要求限時改進績效，無迅速改進者可考慮剝離出組織或降級，並了解其職業興趣，如不適合該職位，可以考慮調職。

◆ **需剝離者**

這部分人是問題員工，績效和潛力都不達標。

對於 9 號人員未來的管理策略是：分析績效差的原因；吸收接班人，考慮降級或辭退。

三、積分結果應用方式總結

1. 積分消費

(1) 積分直接兌換法

根據公司福利預算額度和所有員工的積分總額計算兌換比例，如積分兌換比例為 10：1，相當於 10 分 = 1 元，按照福利物品的市場價格計算需要多少積分兌換即可。公司根據每年制定的兌換比例，在員工中徵求福利產品建議，建立企業個性化的積分商城，員工用自己的積分進行兌換即可。

(2) 設定門檻進行兌換

設定一個兌換門檻，強調企業重點，再次引導員工的行為。如何設定兌換門檻需要結合企業的實際情況，也需要結合企業員工的層級，不能一刀切，原則是要讓各層級員工一部分人「先富起來」，「先富」帶動「後富」，制定的規則千萬不能是讓大部分人都得不到，否則也會影響員工加分的積極性。

2. 累計獎勵

當員工積分達到一定值時，給予員工一定的獎勵回饋，鼓勵員工多賺積分，認可員工的累積價值貢獻，企業可以參考下表對企業個性化的獎勵項目進行設計（員工對什麼感興趣就設定什麼，不要按自己的想法設定）。

表 6-9　個性化獎勵項目設計（累計獎勵）

設計思路／積分要求	積分達到 1 萬分	積分達到 2 萬分	積分達到 3 萬分	積分達到 4 萬分	積分達到 5 萬分
設計思路一	獎勵市內旅遊一次	獎勵國內旅遊一次	獎勵境外旅遊一次	報銷搭乘高鐵回家的來回車費，或者等值的費用	報銷搭乘飛機回家的來回機票，或者等值的費用
設計思路二	可以有資格獲得價值 500 元以內的獎品（可自選）	可以有資格獲得價值 2,500 元以內的獎品（可自選）	可以有資格獲得價值 5,000 元以內的獎品（可自選）	可以有資格獲得價值 10,000 元以內的獎品（可自選）	可以有資格獲得價值 20,000 元以內的獎品（可自選）
設計思路三	可享受半天帶薪假期	可享受一天帶薪假期	可享受一天半帶薪假期	可享受兩天帶薪假期	可享受兩天半帶薪假期

3. 排名獎勵

按照員工的年度或者累計積分排名進行獎勵。至於到底是按年度還是累計積分排名，可結合公司應用場景，如涉及股權激勵等長期激勵，可以按照累計排名，如果是年度中短期激勵，可以用年度積分排名。企業可以參考下表進行設計企業個性化的獎勵項目：

第六章　積分結果應用

表 6-10　個性化獎勵項目設計（排名獎勵）

設計思路／積分要求	排名前 50%	排名前 40%	排名前 30%	排名前 20%	排名前 10%
設計思路一	獎勵市內旅遊一次	獎勵國內旅遊一次	獎勵境外旅遊一次	報銷搭乘高鐵回家的來回車費，或者等值的費用	報銷搭乘飛機回家的來回機票，或者等值的費用
設計思路二	可以有資格獲得價值 500 元以內的獎品（可自選）	可以有資格獲得價值 2,500 元以內的獎品（可自選）	可以有資格獲得價值 5,000 元以內的獎品（可自選）	可以有資格獲得價值 10,000 元以內的獎品（可自選）	可以有資格獲得價值 20,000 元以內的獎品（可自選）
設計思路三	可享受半天帶薪假期	可享受一天帶薪假期	可享受一天半帶薪假期	可享受兩天帶薪假期	可享受兩天半帶薪假期

205

第三篇　積分制實施應用篇

第七章　積分管理的軟體化

● 一、從績效考核談積分管理資料的採集

　　我們曾經到一個企業調查研究績效考考核施情況，了解到這樣一件事情。人力資源部績效專員將各部門的績效考核表和考核資料匯總起來後，上報給總經理稽核，結果被總經理狠狠罵一頓，認為其中有幾項考核指標的評價存在問題，總經理說道：「明明這個月已經有幾個重要客戶都投訴到我這裡了，可是品管部的客戶投訴指標得分還是很高，資料裡也缺失了幾個客戶的投訴。還有生產部這個月多次向我回饋採購部提供物料不及時，影響生產，需要停換線，嚴重影響生產效率，但是這些資料都沒有記錄，為什麼？」績效專員感到非常委屈，這些資料都是各個部門之間互相提供的，雙方也都簽字確認了，人力資源部只是負責收集和整理，怎麼可能知道每一份資料是否準確？如果人力資源部要參與所有資料的提供和稽核，那需要多少專人來負責？

　　我們在調查研究時發現，有些企業的情況恰恰相反，一到績效考核打分的階段，績效專員就忙得團團轉，因為各個部門打分都找他要資料，甚至有些企業乾脆就是由人力資源部給各部門打分的。績效專員為了給各部門蒐集資料，就只能找這個要、找那個要，但找誰要資料對方都覺得你在影響他們工作，不是不積極配合，就是乾脆推脫說沒有資料，或者說應該由別的部門提供，甚至一些指標就直接填寫「無發生」（如安全事故次數、發貨不及時次數等需要記錄的關鍵事件的指標等）。資料好不容易收集上來了，績效專員還需要逐一稽核和反覆確認，搞得績效專員很頭大，很無奈。要是各個部門不配合，提供的資料有問題，

人力資源部也很難辨識。

沒有度量，就沒有管理。資料是度量的基礎，也是管理的基礎，更是企業成功實施績效考核和管理的重要因素。無論選擇何種績效考核模式，都需要收集、匯總、檢查員工的績效資料。績效資料必須來源於第三方，這是客觀事實，也是績效管理的要求。各部門通常既是資料的提供方，也是資料的需求方，這樣就形成了縱橫交錯的一張網，如果不能整理清楚，就會出現很大問題。很多企業在推行績效管理和考核時，由於統計績效考核資料需要花很多時間，就會抱怨。

但是，企業不是為了績效考核而花額外的時間記錄、統計資料，而是這些資料對企業經營管理非常重要，所以被納入了績效考核的範疇，即使企業不進行績效考核，這些資料也需要被收集、統計、分析，從而對經營管理的相關決策和改善行動提供依據。所以，對於管理相對完善的企業而言，各類經營管理的相關資料管理和分析相對較好，那就不需要額外增加太多的工作量；而對於管理基礎薄弱的中小微企業，資料統計系統薄弱，要推行績效考核工作，也需要花費較多的時間用在績效考核資料採集傳遞系統，這其實是在補「管理欠帳」，也是透過績效考核系統反向推動企業基礎管理提升，企業中高層管理者尤其是核心高層對此需要有更深刻的認識，才能堅定推進績效考核的信心和決心。所以很多企業在推行績效管理和考核時，應注意以下關於資料的收集和統計的具體的操作方式，以保證資料收集的及時性和準確性。

1. 明確考核資料的統計口徑，
   避免口徑不統一造成的資料誤差

績效考核資料是管理資料，經常需要在企業的會計資料、統計資料及其他原始資料的基礎上進行各種計劃或分類整理和調整。為此，必須對各項考核資料的計算公式、統計範圍進行明確界定。比如：對於銷售

額統計，至少有三種口徑：有按照合約額統計的，有按照收款額統計的，還有按照開票額統計的，有的還要剔除退貨等因素造成的損失，所以對指標資料統計的範疇必須加以明確界定。再比如：計算生產系統人工效率時用到的產值指標，則需要在企業統計的產值原始資料的基礎上，剔除委外加工產值，而平均人數的統計方法有的是首日人數與最後一天人數相加除以 2，有些企業為了更加精確計算，是計算每天的平均人數之和除以天數，不同的企業有不同的演算法。有些企業關於及時的相關定義要各方達成一致意見，如檢驗及時性的指標，我們有一家客戶是這樣定義的：下午 5 點來料，當天必須檢驗完畢；5 點之後來料，第二天上午 10 點前必須檢驗完畢。

2. 明確考核資料的原始出處，明確統計流程和責任，保證及時、準確統計考核資料

常見的原始資料出處有以下幾種：

(1) 會計資料

由於會計核算遵循國家會計準則、企業會計制度及國家財稅法律法規，所以這類會計資料相對可靠。

(2) 流程資料

記錄在工作流程中，透過各種流程表單紀錄，如各類出入庫單據、各類質檢單據等，許多企業還有 ERP 系統或者財務資訊系統，這樣可以在系統中記錄、儲存、查詢，在系統中設定統計報表，統計資料就相對及時、準確和高效。如果企業管理相對薄弱，缺乏流程紀錄表單，要建立完善的流程表單統計資料需要花費的時間過多，則需要評估該項績效考核指標的考核必要性，根據緊急程度，逐步建立和完善統計流程後，再進行考核。

3. 理順跨部門（跨職位）的日常稽核和稽核機制，減少工作失誤帶來的資料錯誤或資料作假

透過業務流程、上下級管控、內控機制等相連繫，建立資料的內部勾稽關係是保障績效考核資料準確性的重要措施。比如最常見的計畫倉儲部門的入庫資料和採購部門的採購資料之間的勾稽[09]關係；計畫倉儲部門的出庫資料和業務部門的銷售資料之間的勾稽關係；生產部門的領料資料與計畫倉儲部門的出庫資料之間的勾稽關係等。下表是某企業計畫倉儲部統計採購部物料入庫及時率的指標資料流程和要求。

表 7-1　某企業物料入庫及時率的指標資料流程和要求

指標名稱	採購入庫及時率 入庫紀錄差錯次數	資料收集責任人	計畫倉儲部經理 物料專員	制度流程依據	《倉庫管理辦法》
序號	工作內容			責任人	使用表單
1	倉庫管理員在每天下班前整理《來料入庫報表》，在系統裡登記每一批物料入庫的時間，並匹配應到料時間，記錄是否及時入庫			倉庫管理員	《來料入庫報表》
2	計畫倉儲部經理安排物料專員每週分別對物料倉進行一次抽查			計畫倉儲部經理	／
3	物料專員在抽查時，須邊抽邊記錄，核對抽查來料入庫批次及不及時、批次是否與本人記錄一致，如有差錯在系統中將資料調整一致			物料專員	《來料入庫報表》
4	對於發現異常的，物料專員要詳細記錄並常現象，登記在《物料抽查記錄表》中，並要求責任倉庫管理員或其主管當場簽名確認			物料專員	《物料抽查記錄表》

---

[09]　稅務稽徵機關運用相關資料比對、驗算，以發掘逃漏稅捐所採用的一種技術。

指標名稱	採購入庫及時率 入庫紀錄差錯次數	資料收集責任人	計畫倉儲部經理 物料專員	制度流程依據	《倉庫管理辦法》
序號	工作內容			責任人	使用表單
5	物料專員負責每月分別進行匯總計算採購入庫及時率和入庫記錄差錯次數資料			物料專員	《來料入庫報表》、《物料抽查記錄表》
6	物流計畫經理審核後交總經理批准			計畫倉儲部經理	《來料入庫報表》、《物料抽查記錄表》

4. 由人力資源部搭建資料採集、傳遞系統，分層分類統計資料

企業中高層人員的績效考核資料採集、傳遞系統由人力資源部搭建，基層人員的績效考核資料採集、傳遞系統由各部門搭建，分層管控、層層支撐。

每個中高層幹部和員工的績效考核指標在 5～8 個，僅僅這些資料都會給企業績效管理工作帶來了非常大的麻煩的話，那企業執行積分管理系統的資料要保證及時、準確地採集，確保積分體系的有效性，這就對企業採集積分原始資料帶來了更高的要求。傳統的做法是公司建立積分管理 LINE 群組，管理者在群裡進行員工獲得積分的通報表彰和批評。人力資源部安排一名專員進行積分資料的記錄，每個月將資料匯總釋出到群裡進行核對，員工如果有疑問可與人力資源部聯絡解決。員工在兌換公司福利時，人力資源部也會手動進行記錄，減掉相應積分。按照這種模式，一個 100～200 人的公司，基本需要設定一個專人來負責積分管理，人工成本大約在每年 25 萬元。成本還是很高的，效果卻不好，資

料的準確性也很難得到保證。所以很多管理顧問公司開發了積分管理軟體來解決積分評價資料管理的問題。

二、當前積分管理軟體開發的類型及優劣勢

建立一套好的積分管理軟體是非常不容易的，目前市場上的積分管理軟體也不算太多，即使有，也做得不是非常到位。現在很多懂軟體的人不懂積分管理，懂積分管理的人又不懂軟體，既懂積分管理又懂軟體的人不多，而且現在軟體開發不僅是完成積分資料的記錄，在網際網路時代，如何在軟體中實現娛樂化、遊戲化、管理標準化，這是對積分管理軟體開發的最大考驗。目前我們對市場上的積分管理軟體進行了研究分析，發現有以下兩類情況：

1. 完成傳統積分管理模式評價資訊化

市場上大部分積分軟體能實現積分管理評價流程化和標準化，固定分能自動加分的由系統自動加分，管理者評價和員工申請積分可以實現流程化操作，員工加、減分能及時通知員工，方便企業對員工進行積分評價，節省人力。但是現在是行動網路時代，「八年級」、「八年級後段班」甚至「九年級」員工成為主陣營，員工要的不僅僅是記錄積分資料，如何讓員工願意登入軟體，把軟體「玩起來」，在遊戲化、娛樂化、社交化這方面的設計極為重要，如果軟體不能滿足現代員工的心理訴求，員工不願意玩，就會大大損傷積分管理的功效。

2. 變成文化宣傳的主陣地

市場上有一部分積分軟體由於積分管理體系缺失，積分項目與實際經營管理脫節，大部分是企業文化行為化評價，是對員工在積極踐行企

業文化方面的優秀行為進行鼓勵和表彰。由於基礎管理體系缺失，軟體在管理標準化、流程化方面存在不足，這與傳統積分管理軟體又不同，走向另一個極端。這部分軟體在互動性和遊戲化設計、介面設計上符合年輕一代員工的審美，這方面優勢很明顯。但是企業引進軟體還是想要解決企業管理難題的，如果不能與企業的業務管理緊密連繫，只是變成企業文化宣傳陣地，那企業啟用積分管理軟體就沒有達到全部預期。

總而言之，目前市場上的積分管理體系沒有系統考慮各個部門之間的平衡，無法站在統一尺度上進行衡量和評價，很多都是根據各個部門的工作設計積分項目和積分標準，沒有解決各個部門、各個層級之間的分數如何平衡的問題，沒有解決既保證職位差異性又保證不同職位間一定的公平性的問題，所以存在一定範圍的缺失。這樣的軟體在企業執行時間越長，問題就會越容易暴露，在積分兌換、排名應用等方面就會出現不公平等現象，員工就會抱怨。

三、猴哥雲積分軟體的成果展示

猴哥雲積分是我們在 A、B、C、D、E 積分管理框架下設計的雲積分管理系統，憑藉我們首創的 A、B、C、D、E 積分管理體系和紅黃綠燈積分評價模式，在積分管理體系建設上優勢明顯，該系統結合了網路產品開發的思路，加上產品開發團隊在眾多企業實施管理軟體的成功經驗，是一套管理標準化與管理遊戲化相結合的、有溫度的行動管理軟體，實現了行動管理軟體的五化：

- 第一，管理標準化。積分項目和積分標準後臺匯入，軟體操作簡單化、傻瓜化，不受人員變動因素的制約，軟體更新，管理就隨之更新。

- 第二，激勵即時化。管理者開啟軟體，快則 5 秒內，慢則 30 秒內即

可完成對員工的加分和扣分的全部操作，讓員工及時感受上級領導的激勵和管理要求；積分高的員工開啟軟體即可看到榮譽播報，讓員工更有成就感。

- 第三，工作遊戲化。任務搶單、PK 擂臺賽等將工作遊戲化，提高員工參與積極性，同時透過競爭激發衝鋒爭先的文化氛圍。
- 第四，管理溫度化。設定生日祝福、入職紀念等模組，領導、同事之間可以透過「按讚」、「抖內」，傳遞關心和祝福，讓管理不再是冷冰冰的。
- 第五，應用多樣化。積分商城、積分抽獎、積分拍賣，讓積分流動起來，激發員工賺積分的熱情，賺積分的過程就是創造價值的過程。

下面詳細介紹雲積分管理系統的功能。

1. 首頁宣傳語

「看見每一『分』努力，認可每一『分』貢獻！」這是提醒每一位管理者要有一雙善於發現美的眼睛，能夠看到每一位下屬做得好的地方，並給予積分認可。同時，我們也告訴每一位員工，公司以奮鬥者和貢獻者為本的理念，不會遺漏員工的點滴貢獻，只要是做了貢獻，就會以積分的形式予以認可並永久記錄在軟體中，未來的公司福利、發展、考核都會與積分連繫。

2. 榮譽播報「洗版」

每一位員工進入軟體後，就會看到目前本部門積分排名第一的是誰，系統會進行榮譽播報「洗版」，這不僅僅是對獲得積分最多員工的表彰和認可，在滿足員工精神激勵的需求同時，也是對其他員工的提醒和鞭策，激發員工的好勝心，營造出你追我趕賺積分的氛圍。

3. 首頁積分顯示

首頁顯示當前排名帳戶總積分和消費帳戶總積分（我們在體系中設計了排名帳戶、消費帳戶、現金帳戶、股權帳戶，在軟體中均已實現），以及今日積分、本月積分、月排名、總排名，員工登入軟體後，對自己目前的積分基本情況一覽無遺。除了當前部門的當月員工積分排名情況和當月積分數值以外，透過篩選按鍵可以查詢各個部門、各類職位、序列和層級積分排名情況。

4. 老闆按讚

我們都知道，企業裡的員工如果能得到老闆的讚美，對於員工來說是非常大的榮譽，很多企業老闆在安排和檢查各個部門的工作時，發現基層員工做得很好，往往會口頭表揚，或者走到員工身邊，拍拍員工的肩膀，對員工表示認可和鼓勵。但是企業人數眾多，老闆也不可能對每個員工都去拍拍肩膀，這不現實。我們特別為這種場景設計了老闆按讚功能。企業老闆或者其他決策層透過按讚可以對基層員工「豎起大拇指」加分，讓最高決策層能夠看見最基層員工，當發現他們的優點時，就可以直接透過按讚進行加分獎勵認可，讓所有基層員工都能感受到老闆的鼓勵和認可。在軟體中老闆一按讚，所有員工都能看到老闆為哪個員工按讚了，一是給足被按讚員工的面子，全公司通報；二是激發其他員工努力創造價值。如果員工做得不好，老闆們也可以透過此按鍵進行批評扣分，以儆效尤。

5. 管理者評價

企業在管理後臺錄入 A、B、C、D、E 積分系統及部門分的積分項目、積分標準後，管理者透過笑臉按鍵就可以直接對某個員工進行加分、扣分、獎分操作，管理者直接選擇對應的積分項目，點選後就出現

評價視窗，輸入評價事由（為什麼要加分、扣分、獎分），選擇對應的紅黃綠區域，評價就完成了，員工會第一時間在消息記錄中收到積分通知。整個評價過程簡單、高效。

除了管理者評價外，軟體中還設定了另外三條通道：

(1) 員工自我申請

管理者有時會忘記、漏掉給員工加分或者不知道員工可以加分，員工發現管理者還未給自己評價打分時，也可以透過申請通道給自己申請加分，當然，員工工作不到位時，也可以申請給自己扣分，我們鼓勵員工自我申請扣分，所以在系統內設定了自我申請扣分時扣分減半的規則。

申請過程也很簡單，申請人發起申請，選擇積分標準，輸入加分、扣分、獎分的理由，選擇發生的日期和審批人，即可發起申請流程，管理者透過積分審批介面進入後，可以看到所有員工的申請紀錄，管理者可以逐一審批或者一鍵審批完成全部審批。

(2) 替他人申請加減分

各個部門在合作時，其他部門的員工可以為幫助他的員工申請加分，當然，這項積分是否被通過需要被加分人的上級審批。

(3) 系統自動積分

為了簡化管理者操作，如果沒有發生扣分行為，我們在系統中設定了自動加分規則，管理者毋須操作，可以直接為員工加上應該加的分數。

6. 基礎能力自動加分

如果企業在管理後臺設定基礎能力加分項目和標準，後臺每個月可以自動實現加分，毋須手動積分。自動加分規則包括以下幾類。

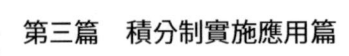

(1) 學歷加分

例如：在後臺設定博士加 30 分、碩士加 20 分、大學加 10 分、大專加 5 分，系統就會每月自動為每個員工按照其學歷加上對應分數。

(2) 特殊職位加分

如果在後臺設定嵌入式開發工程師加 5 分／月，只要是嵌入式開發工程師，系統會每月自動加 5 分。

(3) 年資加分

如果在後臺設定年資滿 1 年加 20 分，員工年資滿 1 年當天，系統會自動替員工加 20 分。

(4) 特殊技能加分

如生產性企業鼓勵一線職位一職多能，外貿性企業鼓勵員工提升外語能力，研發性企業鼓勵員工掌握多種開發工具，當員工具備公司鼓勵掌握的特殊技能時，可以申請自動加分，審批通過後，系統會按照約定週期給員工加上對應分數。

7. 任務積分管理

(1) 任務積分管理的目的

為激發員工工作熱情，激發員工積極承擔臨時性、緊急性、重要性相關工作任務，鼓勵員工多勞多得，勇於承擔，勇於擔當。

(2) 任務的定義、類型與範圍

在公司生產和部門經營管理過程中，不在相關人員月度計畫裡或者

公司認為非常重要或緊急的事項，或者是沒有明確責任人的相關事項等，需要單獨積分激勵和重點跟進的，管理者可以釋出任務，予以積分認可，釋出者根據任務完成情況進行評價和獎勵。

(3) 任務類型

- 指派任務：指釋出者指派任務承接者，直接安排其完成相關工作，給予一定的積分激勵；
- 搶分任務：不指派任務承接者，在釋出範圍內，員工進行搶單，搶到任務的員工完成任務後，由釋出者進行評價。

(4) 任務範圍

- 公司下達重點工作：指企業在經營管理過程中，對重要、特殊工作進行重點關注和積分激勵，由總裁祕書或總裁指定專人在系統中釋出指派任務或搶分任務，並跟進任務完成情況後，由總裁祕書或指定專人進行評價。
- 各部門臨時性工作：指根據部門工作安排，需要員工完成的非常規、突發性、個性化的單項工作或公司安排的任務需要分解到員工需要完成的任務。
- 需要其他部門協助的工作：需要其他部門協助完成的非常規工作，由部門管理者釋出任務並跟進任務完成情況後進行評價。

(5) 任務分數設定

公司管理員在積分管理後臺針對任務重要性和緊急性設定不同分數，釋出者參照附件釋出任務、選擇對應級別後，自動生成對應分數即為任務總分數。

(6) 任務釋出及任務評價

管理者透過系統釋出任務後，員工登入系統，根據自身情況可以搶管理者釋出的任務（如果是指派任務就是由被指定的員工在規定時間內完成），在規定時間完成任務後，由釋出者根據任務完成時間、結果等情況進行綜合紅、黃、綠評價。

- 紅區：未按照時間或品質要求完成，影響客戶（內外部）進度；
- 黃區：基本按照時間和品質要求完成；
- 綠區：提前完成或超出品質標準完成，超出客戶（內外部）期待。

(7) 任務的另一種形式─懸賞任務

人與人之間之所以會互相分享，一是任務驅動，二是情感驅動。當沒有情感驅動時，要促進積極性就要製造任務。將公司各部門未解決的問題進行分類，並制定不同等級的積分獎勵標準，透過任務釋出模組發出，以積分（或「積分＋獎金」）形式進行懸賞，發動群眾，「懸未解之謎，賞有識之士」，不斷製造各種任務吸引大家貢獻力量。公司可以為每月解決問題最多的員工設定一個「智多星」獎項，由公司高層頒獎，並在內網公示。透過這種懸賞任務，公司可能會挖掘出有特殊才華的員工，給他更合適的職位與機會。

除了公司釋出懸賞任務外，任何員工都可以丟擲任何問題來求解，或者當員工需要幫助時，也可以釋出懸賞任務。例如：當員工處理圖片時，不會用圖片處理軟體，需要同事幫忙處理圖片，但又不知道誰會使用圖片處理軟體，就可以在系統中釋出懸賞任務，當有同事幫助自己完成該項任務時，用積分獎勵提供幫助的員工。

懸賞任務的功能主要是打造企業與員工之間、團隊之間的互動，建構

良好的組織氛圍，鼓勵員工創新，互幫互助，認可提供幫助的員工的貢獻。

8.PK 積分管理

(1) PK 積分設定的目的

為激發員工工作熱情，倡導各部門及員工之間進行良性競賽，打造一支具有凝聚力與競爭力的團隊，系統將企業 PK 的場景設定到線上。

(2) PK 發起與接受應戰

發起方填寫 PK 內容、發起方團隊名稱、口號等資訊，選擇應戰方及用於 PK 的積分數值，發起 PK 後，應戰方填寫團隊名稱、口號等資訊後 PK 生效。當 PK 生效後，企業所有員工都可以看到各個部門、員工之間的 PK。

(3) PK 押注

在部門之間、員工之間進行 PK 時，允許第三方（部門、員工）以押注的形式參與到雙方之間的 PK，在積分軟體中以按讚支持發起方或者支持應戰方的形式操作。按讚消耗本人的積分，是以自己的積分來支持。押注人押中獲勝一方的，也獎勵所對應押注的積分；押錯的扣除押注積分。此處設定 PK 押注的目的主要是增加遊戲化互動，同時在一定程度上減少合作難度。當員工押注時，如果涉及相關合作，在一定程度上，配合力度和態度都會更好。

(4) PK 評定

PK 評定人在約定的時間截止時，根據雙方實際情況進行評價，確定挑戰勝利、挑戰平局、挑戰失敗。獲勝方獲得相應積分，失敗方減去相應積分，平局不分勝負。

9. 員工關懷

很多企業人力資源部人事專員每天要檢視員工的生日資訊、入職資訊，發郵件送祝福，有些有條件的企業還會送鮮花或者送卡片等。這種方式給人力資源部帶來不小的工作量，企業越大，工作量就越大，我們可以把這項場景搬到線上，在員工生日、入職紀念日當天，系統會自動在工作圈進行提醒，祝福員工生日快樂、入職紀念日快樂，從而實現員工關懷的自動化。公司如果有福利政策，可以為當天過生日、入職紀念日的員工送積分福利，員工可以用積分兌換自己想要的福利產品，也不用人力資源部絞盡腦汁去想到底送什麼能讓員工更滿意。用送積分代替送鮮花，員工會感到更新鮮、更好玩，還可以兌換個性化福利，自主性更強，滿意度自然更高。

員工生日、入職紀念日、老闆為員工按讚、員工獲得單項獎、部門週度員工排名第一時，當系統發出相應的通知時，企業所有員工都可以為這些人送去自己的祝福，採用積分打賞的方式為員工送積分，小小積分，禮輕情意重，能增進同事之間的感情。

10. 個人主頁

為了讓積分評價在陽光下透明操作，公平公正地對待每一位員工，企業的每一位員工都可以作為監督人，一清二楚地看到某個員工所有的評價打分紀錄（在什麼時間、因為什麼事件獲得加分或扣分）和獲獎紀錄（什麼時間獲得單項獎），當員工發現有不公平的評價現象時可以向人力資源部申訴，同時也給管理者上一道「緊箍咒」，一定要客觀、公平地對待每一個員工，避免暗箱操作，不能踏過紅線，否則將受到積分清零的嚴厲處罰。

在個人主頁還可以直觀地看到本週積分和積分排名，同時，同事之間

還可以互相按讚「澆樹」，用於同事之間的相互按讚支持，按讚獲得積分越高說明人氣越高，人氣越高就越有機會獲得公司「年度人氣王」稱號。這裡的互動化設計主要是為了建立良好的團結互動的文化氛圍，對曾經幫助過自己的同事表達感謝和感恩，營造企業正能量場域，提升企業凝聚力。

11. 學習大企業

公司為每個員工制定學習成長計畫，分配相應的積分，鼓勵員工按照時間進度完成學習任務，員工可以按照計畫進行通關。當員工完成學習任務評估考核後，管理者或者負責組織培訓的部門可以將考核分數錄入系統。具體的評估考核形式不只有考試，還有很多形式，企業可以參考以下形式並根據實際情況採取合適的評估方式：

(1) 組織考試

例如：對公司制度、流程、產品知識等應知應會內容的考試。

(2) 現場通關

例如：透過客戶拜訪情景演練對業務人員進行考核；對機器、工具、應用軟體等可以現場操作的情況進行考核。

(3) 現場匯報

例如：針對問題分析與解決能力的培訓，課程中涉及問題的辨識定義、分析和制定解決方案等工具方法，可以分組學習和實操。為每個小組分配一個課題，明確改善目標，各個學習小組按照問題分析與解決的相關流程進行實操，在課題實施過程中、完成後，各個小組向評價團隊進行匯報課題實施情況，評價小組對每個課題的實施情況進行評價，作為課程學習最終的考核成績。

（4）提交方案

涉及一些體系設計的學習，可以要求員工提交方案，公司通過後方可認為考核合格，如實驗室對工程師進行測試方案撰寫的培訓，可以要求員工完成幾份具體的產品測試方案，按照測試方案的品質評價是否達到培訓要求。

（5）調查問卷

對於領導力（管理能力）的評價可以採用360度調查問卷的形式，如我們在企業中經常用的Q12問卷，是非常簡單的12個問題，可以對團隊管理者的領導能力進行測評。在筆者以前就職的一家上市企業，每半年就會做一次Q12測評，將所有管理者的Q12測評結果張榜公布在公司大廳，董事長親自對Q12測評不達標的管理幹部進行面談。測評表格見表7-2。

表 7-2　Q12 測評表

序號	問題	得分				
		5	4	3	2	1
1	我知道對我的工作要求嗎？					
2	我有準備好我的工作所需要的材料和設備嗎？					
3	在工作中，我每天都有機會做我最擅長做的事嗎？					

第七章　積分管理的軟體化

序號	問題	得分				
		5	4	3	2	1
4	在過去的七天裡，我因工作出色而受到表揚了嗎？					
5	我覺得我的主管或同事關心我的個人情況嗎？					
6	工作單位有人鼓勵我的發展嗎？					
7	在工作中，我覺得我的意見受到重視了嗎？					
8	公司的使命目標使我覺得我的工作重要嗎？					
9	我的同事們致力於高品質的工作嗎？					
10	我在工作單位有一個最要好的朋友嗎？					
11	在過去的六個月內，工作單位有人和我談及我的進步嗎？					

223

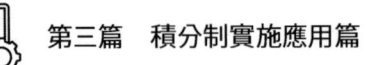

序號	問題	得分					
		5	4	3	2	1
12	過去一年裡，我在工作中有機會學習和成長嗎？					

12. 榮譽殿堂

企業為員工頒發榮譽證書，員工只能擺放在家裡，時間久了，可能就忘記了。而且企業有時考慮成本，一年也頒發不了幾次榮譽證書。我們在雲積分系統中為員工設定了專門的榮譽殿堂，放置員工在企業獲得的各項榮譽。員工透過榮譽殿堂可以隨時隨地檢視自己在企業內部於何時、因何種原因獲得何種獎項。對於員工來說會再次激發員工的動力，激發員工再次獲得獎項的願望和衝動，員工的價值貢獻也就在獲得積分的過程中做出來了。

我們在一家企業做積分項目時，研發部的一位高管看到軟體中的榮譽殿堂介面，開玩笑地說：「這個好，以後我們研發人員相親找對象，不用再想著怎麼表達自己多優秀了，拿出軟體，讓對方看看積分情況，看看榮譽殿堂或者多少獎項，這比口頭說要好多了！」雖然是一句玩笑話，但這不正是我們想要達到的效果嗎？榮譽殿堂記錄了員工曾經獲得的各種榮譽，會激勵他創造更大的價值。

13. 月報報告、年度報告

看看我們生活中，當一群朋友去餐廳吃飯或是在家裡做了一桌美味佳餚的時候，我們首先做的是什麼事？現在不是我們人先吃，而是先讓手機相機「吃個飽」，要麼立刻上傳IG，要麼吃完再發限動晒出這些美美

的照片。每個人都希望展現自己生活中美好、積極的一面，也希望朋友們能看到自己生活得幸福和美好。

雲積分軟體中的月度報告和年度報告功能篩選出員工在工作中獲得的積分、獎項、PK等具體情況，為員工提供了展現自我的通道，滿足了員工內心的「晒」的需求。想要「晒」就必須創造價值貢獻，多賺積分，多獲得獎項，這就達到管理的目的了。

14. 積分應用

積分必須流動起來進行消費才會有價值，流動的方式越多，員工賺積分的熱情才會越高，賺積分的熱情越高，創造價值貢獻才會越多，才會達到企業建立積分管理體系的目的。在雲積分軟體中，我們設定了三種流動方式：歡樂購、地攤積分、幸運轉，具體使用方式如下。

(1) 歡樂購—積分商城

企業將經過調查研究了解到的員工較為有興趣兌換的福利產品圖片上傳，並對產品進行相關描述，說明兌換規則，設定需要的積分數額。員工可以透過軟體在積分商城看到企業提供的所有福利產品，根據自己的需求進行兌換。

企業還可以提供個性化彈性福利給員工，如遲到券、早退券、帶薪休假券、兒童節休假券等，員工兌換後就可以直接按公司規定享受。

以下是設定福利商城的一些實物和個性化彈性福利兌換表，大家可以參考完成所在企業的內部個性化福利體系，讓福利不再是人人一樣，利益差距一定要展現貢獻差距，打破齊頭式平等的福利政策，提升滿意度。

第三篇　積分制實施應用篇

表 7-3　福利商城設定參考

序號	商品名稱	價值（元或小時）	積分兌換標準	獎品分類
1	袖珍包衛生紙 1 包	2	80	生活用品
2	品牌衛生紙 1 捲	2	80	生活用品
3	香皂 1 塊	4.5	180	生活用品
4	品牌抽取式面紙 1 盒	5	200	生活用品
5	單支裝軟毛牙刷 1 支	6	240	生活用品
6	洗衣粉 1 袋（260 克裝）	8	320	生活用品
7	免洗殺菌洗手乳 1 瓶	10	400	生活用品
8	水性簽字筆 1 盒（10 支裝）	15	600	文體辦公
9	品牌洗手乳 1 瓶	15	600	生活用品
10	傳輸線 1 條	19	760	電子產品
11	礦泉水 1 箱（350 毫升／瓶 *24）	20	800	生活用品
12	牙膏 1 條	20	800	生活用品
13	洗衣精 1 瓶（3 公斤裝）	20	800	生活用品
14	品牌牙刷 1 盒（12 支裝）	20	800	生活用品
15	帶公司 LOGO、總裁簽名的筆記本 1 本	23	920	文體辦公
16	無線耳機 1 對	25	1000	電子產品
17	品牌西餅券（150 元）	30	1200	生活用品
18	電蚊拍 1 個	40	1600	生活用品
19	品牌沐浴乳 1 瓶（1.5 升）	46	1840	生活用品
20	精美品牌保溫杯 1 個	50	2000	生活用品
21	品牌吹風機 1 個	50	2000	家用電器
22	真空裝白米 1 袋（5 公斤裝）	55	2200	生活用品
23	品牌洗髮精 1 瓶（1 公斤裝）	60	2400	生活用品
24	品牌牛奶 1 件（250 毫升 *12 盒）	65	2600	生活用品
25	品牌行動電源 1 個	76	3040	電子產品
26	品牌羽毛球 1 筒	80	3200	文體辦公
27	品牌電動刮鬍刀 1 臺	80	3200	生活用品
28	靠枕（抱枕）1 個	80	3200	生活用品
29	品牌乒乓球拍 1 對	100	4000	文體辦公
30	真空裝白米 1 袋（10 公斤裝）	100	4000	生活用品

第七章　積分管理的軟體化

序號	商品名稱	價值（元或小時）	積分兌換標準	獎品分類
31	品牌榨汁機 1 臺	100	4000	家用電器
32	品牌花生油 1 罐（5 升）	150	6000	生活用品
33	電動牙刷 1 支	150	6000	生活用品
34	不沾鍋湯鍋 1 個	180	7200	生活用品
35	行李箱 1 隻（22 寸）	200	8000	生活用品
36	品牌烤箱 1 臺	200	8000	家用電器
37	客製迷你藍牙音箱 1 臺	200	8000	電子產品
38	帶薪休假調休券 1 張	4	3000	彈性福利類
39	提前下班（延後上班）兌換券 1 張	0.5	600	彈性福利類
40	帶薪親子假兌換券 1 張	8	6000	彈性福利類
41	帶薪調休假兌換券 1 張	8	6000	彈性福利類
42	旅遊獎勵券 1 張（周邊景點 1 日遊）	200	／	彈性福利類

(2) 地攤積分—積分拍賣

很多二手物品交易平臺的交易量還是很可觀的，我們借鑑二手物品交易平臺和拍賣網的思路，在企業內部建立二手市場，員工有不想用的物品，可以在積分拍賣模組釋出拍賣資訊，其他員工按照自己的心理預期進行出價，價高者得。

設計積分拍賣模組的另一個目的是為軟體增添娛樂化，讓軟體好玩起來，員工不僅可以拍賣物品，還可以拍賣積分。

(3) 幸運轉—積分抽獎

抽獎會給人帶來驚喜，兼具激勵性和娛樂性。積分抽獎有兩種操作思路：一種是獎勵型，對排名在前列的員工給予抽獎的機會；另一種是

消耗一定的積分享受抽獎的資格。企業可以根據自身不同場景設定抽獎條件。如果企業規模不大，抽獎可以安排線上下操作，現場氛圍會更好，如果企業規模很大，可以線上上完成抽獎，線下發放獎品。同時，可以在公司內部宣傳欄裡對抽獎物品進行宣傳，鼓勵大家參與。

第八章　積分管理應用標竿企業實操案例

第一節　變革前的企業困境

一、公司成立 10 年，困難重重

案例的主角是我輔導的一個客戶，創始人呂總是靠在 A 市某大廈擺攤位起家，透過自己的辛勤努力和靈活的頭腦，淘到了第一桶金，累積了原始資金。和眾多的創業者一樣，在取得第一桶金後，呂總敏銳地感覺到，在 A 市投資房地產是一個不錯的買賣，可以確保資金的保值增值，隨後他在 A 市各區不斷購置房產。

呂總於 2006 年成立某科技公司，註冊資金 2,500 萬元，公司主要經營條碼掃描器、條碼列印機、資料採集器（盤點機）、磁卡讀寫器、條碼檢測儀、條碼耗材等諸多條碼設備，是一家專業從事條碼掃描、資料採集終端、條碼列印機等條碼自動辨識設備的高科技企業。公司由創始人呂總和妻子高小姐創辦成立。

隨著公司不斷發展壯大，很多管理問題浮出水面，主要表現在銷售額不見增長、人均效率低下、員工流失率加劇、各項費用居高不下，這些問題讓呂總頭痛不已，公司自我造血功能不足，為了讓公司活下去，呂總不得不出售購置的房產來緩解公司資金壓力。等到要出售第二套房產的時候，公司副總經理兼老闆娘高小姐堅決制止了呂總出售房產來增加公司現金流的想法和行為。高小姐認為：「公司應該透過自我造血機制來養活自己，如果讓公司活下去只能一味出售房產來實現，那為什麼不關掉這個公司呢？如果公司還是無法解決自我造血功能，如果公司發展

第三篇　積分制實施應用篇

還是停滯不前，看不到希望和前景，即便是把所有的房子賣掉『輸血』也無濟於事，這不是解決問題的根本辦法。」

● 二、公司內部變革以失敗而告終

面對公司的「爛攤子」，呂總夫妻二人如坐針氈。公司也曾一次次召集核心骨幹集體開會，希望透過群策群力來解決公司目前存在的管理問題。會議主題圍繞幾個方面進行：公司如何發展？如何改變現狀？如何增加銷售額？如何降低員工流失率？如何增加員工滿意度？等等。在若干次的會議中，大家你一言我一語，獻言獻策，最後達成了共識：「把員工最希望解決的以下幾個問題優先解決好，這樣公司目前的這種局面會有變化。」

1. 薪酬待遇

薪酬待遇是目前員工抱怨最大、吐槽最多的管理問題，員工普遍反映目前公司薪酬待遇不具有競爭力，和競爭對手相比較而言，確實有點偏低，這也是公司對外招不到人，對內留不住人的關鍵所在。建議公司每年實施兩次調薪機制，一個是對公司所有員工進行普調[10]，另外一個是依據員工日常表現，對優秀員工在年終實施績效調薪，兩次調薪幅度應該不低於 15%。

2. 員工福利

公司幾乎沒有什麼像樣的福利，也就是逢年過節發個紅包意思意思，況且，紅包的金額不大，也吸引不了人，員工覺得也就那麼回事。目前舉辦最多的關愛福利也就是員工生日會。有些員工反映，參加了幾

---

[10] 企業根據市場薪資水準或企業內部的薪酬體系，對員工的薪酬進行一定程度的調整。

次公司舉辦的員工生日會，就再也不想參加了，問其原因，回答是員工生日會千篇一律，一點新意都沒有，無非是一群人圍成一圈，點個蠟燭許個願，吃個蛋糕送個小禮物。員工希望公司逢年過節或具有特別意義的日子（如公司成立日）多規劃新的活動，多發一些實惠、新穎的福利。

3. 康樂活動

員工反映工作太單調、太枯燥、太乏味，每天都是兩點一線，建議每月組織全體員工外出旅遊，這樣也能在一定程度上增加員工對公司的認同感，增強對公司的歸屬感，降低員工流失率。

透過幾次會議，公司下定決心，花費精力，重點解決上述員工迫切關注的問題。

公司的行動力倒是很強，會議中提出的改善項目，呂總立即進行了整治。對每位員工薪酬進行了普調，核心骨幹甚至調整的幅度更大，僅此一項，公司核算了一下，薪酬費用率就上升了5%。每逢節假日，公司會發給每位員工白米、花生油以及其他各種福利，並且每個月帶領全體員工在Ａ市周邊的區域進行旅遊和開展團建活動。

隨著員工所反映的問題的逐步解決，員工的薪酬漲了，該發的福利也發了，每個月的團建活動也做了，呂總也希望公司的業績能夠蒸蒸日上，員工幹勁十足，並期盼公司局勢逆轉。非常遺憾的是，呂總希望看到的局面依然沒有發生，他陷入了痛苦的思索當中，該給的也給到了，為什麼情況依然如故？

● 三、與公司結緣，入企調查研究診斷

一次偶然的機會，呂總來現場聽筆者的一堂關於雙贏績效的課程，課堂上筆者講到的管理理念、方法獲得了呂總的認可。課餘時間呂總就

第三篇　積分制實施應用篇

迫不及待地找筆者洽談，表示合作的意願，經過雙方坦誠、充分的交流達成了合作共識，由筆者對呂總公司提供激發個體三部曲（雙贏績效、遊戲式積分管理、股權激勵）的管理顧問專案。

按照管理顧問專案的實施流程，筆者先對呂總的公司進行了為期一週的調查研究，在調查研究過程中，發現呂總的公司目前存在以下問題。

從公司經營層面來看：公司成立 10 年，發展規模、發展速度緩慢，管理成本、銷售費用節節攀升，隨之而來的是公司的銷售額、毛利額不增反降。

從公司管理層面來看：流失率始終居高不下，員工打工心態嚴重，團隊士氣低落，工作氛圍死氣沉沉，員工對公司管理怨聲載道。

透過對員工調查研究訪談，看看員工對公司各方面有什麼樣的看法（以下內容為節選）。

1. 來公司的總體感受如何？

員工 A：呂總既年輕又聰明，是一個很有想法的人。我認為老闆一定要有企圖心，而我們的呂總是一個溫和、民主的人，在客戶身上花費的時間較多，我覺得他應該在管理方面多花費一些時間。

員工 B：來公司沒有前輩指導我，公司的氛圍不夠好，公司的活動不夠，呂總人是很好，但公司未來要怎麼做，做到什麼程度從來沒有和我們講過，我們也不是特別清楚公司的想法，我感覺就公司目前的這種現狀，吸引不了特別有才華的人。

員工 C：我們公司的員工進取心不夠，不太愛學習。我們就是被人請的，沒有什麼歸屬感。我們也有績效考核，但是考核的作用不大，你

做不做都一樣，沒什麼驅動力。

2. 在公司工作愉快嗎？喜歡什麼樣的工作氛圍？

員工Ａ：感覺公司是一家「養老院」，不會讓人很興奮，不會讓人有幹勁，不會讓人待得太久，公司不會主動辭退你，我喜歡付出會有報酬的公司，能夠讓我們有想像的空間。

員工Ｂ：公司絕大多數都是「八年級」，但公司的氛圍不好，感覺特別悶、沒有朝氣，但最近好像要比以前好點，員工之間的合作性也很差，工作中出現了問題，都是在相互指責、相互埋怨，身邊都是負能量的人，大家的情緒相當低落。

員工Ｃ：感覺很多人還是想做，還是有點想法的，但是沒有動起來。新員工來了以後很迷茫，不知道怎麼做，不知道去哪裡做，不知道提升什麼能力。對公司未來的發展看法一般，員工的流失率很高，給我的感覺是留不住人。

員工Ｄ：公司的氛圍一般，都挺安靜的，部門之間缺乏溝通，感覺心情不是很愉悅，付出了沒有報酬，別人說你那麼拚命幹嘛，又沒有拿多少錢。公司內部產品價格很亂，價格不統一，不同的人有不同的報價，公司需要很多培訓，業務人員自己都不願意學東西，銷售提成是很難拿的，走的人也多。

3. 現有的高層能否帶領團隊走向輝煌？對公司的未來發展有何展望？

員工Ａ：公司從事的行業還是很有希望，但是，就公司目前這種管理狀況，說實在的，我不太有信心。

4. 在公司有沒有職業發展機會？你希望的職業發展機會是什麼？

員工Ｃ：未來只是想月薪破五萬，自己的能力得到提升，其他的倒是沒有想得太多。

第二節　面對困境，如何進行變革

一、總體指導原則和發展思路

我們依據公司現狀，提出了解決問題的總體指導原則和發展思路，摘選如下。

表 8-1　總體指導原則和發展思路（摘選）

初始化級	規範化級	優化級	再造級
<ul><li>人力資源制度體系</li><li>人力資源激勵體系</li><li>文化體系</li><li>關鍵職位工作技能提升（學習地圖）</li><li>員工導師制</li><li>公司晨會制度</li><li>自主經營體模式探索與應用</li></ul>	<ul><li>年度經營計畫體系</li><li>組織職位體系優化</li><li>流程體系優化與升級</li><li>人力資源體系優化與升級</li><li>企業文化建設</li><li>關鍵職位能力素養提升體系</li><li>任職資格管理體系</li><li>管理人員領導力建設</li></ul>	<ul><li>策略規劃與年度經營計畫</li><li>企業大學</li><li>集團管控</li><li>資訊化升級</li><li>關鍵職位、核心員工股權激勵</li></ul>	<ul><li>策略轉型</li><li>商業模式再造</li><li>組織再造</li><li>流程再造</li><li>資訊化再造</li></ul>
2016～2017 年	2018～2019 年	2019～2020 年	2021～2022 年
解決有沒有的問題	達到精細化管理的目的	管理模式與企業發展階段相適應	業務轉型及管理轉型

二、變革後的數據說明了什麼

在諮詢專案正式實施之前，也不是一帆風順的。公司的幾個骨幹單獨找呂總談話，表達的意思就是，對目前準備實施的雙贏績效和積分制管理不太看好，大家在私底下議論紛紛，並表示公司目前有三分之一的員工抱有疑惑，三分之一的員工有牴觸情緒，另外三分之一表示支持公司。呂總斬釘截鐵地表示：「既然我們自己嘗試了很多次都沒有效果，又

第八章　積分管理應用標竿企業實操案例

耽誤了時間，增加了成本，還不如讓專業的人做專業的事。」呂總一錘定音，拉開了公司變革的序幕。

公司在 2016 年 3 月開始實施變革，在 3 月率先啟動實施了「雙贏績效」和「遊戲式積分管理」，在 5 月實施了「五星事業合夥人模式」。在數據出來之前，呂總壓力很大，一方面是給付了高昂的顧問費用，不知道企業變革會不會取得預期的成果；另一方面是公司全體員工都在盯著這次變革，如果此次變革不成功，那公司發展之路在何方？公司未來進行管理變革將難上加難！

4 月，銷售業績報表出來後，呂總一顆七上八下、忐忑不安的心，總算得到了一絲安慰，3 月的銷售額環比成長了 2.4%，好歹銷售沒有下滑還略有成長。公司各月度銷售環比成長如下圖所示。

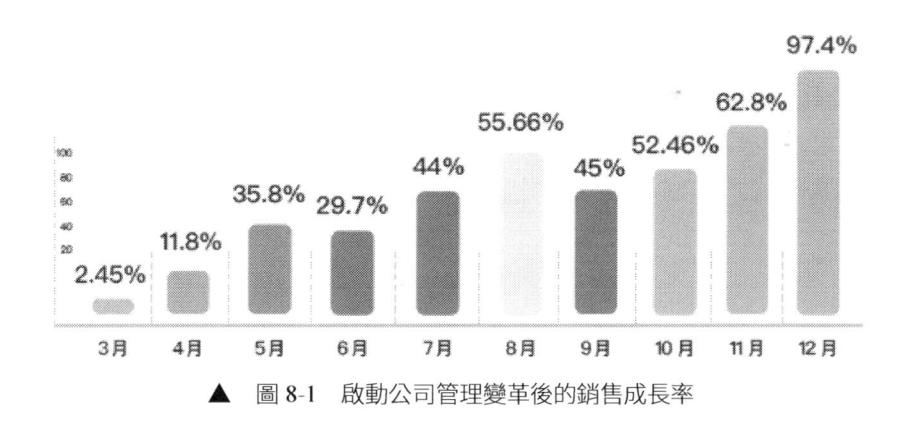

▲ 圖 8-1　啟動公司管理變革後的銷售成長率

235

第三篇　積分制實施應用篇

在銷售額發生變化的同時，2016 年，其他管理指標數據也發生了較大變化，如下圖所示：

```
        ┌──────────────┐
        │ 員工人均收入  │
        │ 提高20%以上   │
        └──────────────┘
   ┌──────────────┐   ┌──────────────┐
   │ 核心員工流失率│   │ 人員減少25%  │
   │ 在2%左右      │   └──────────────┘
   └──────────────┘
        ┌──────────────┐
        │ 老闆銷售占比從│
        │ 65%降低到35% │
        └──────────────┘
```

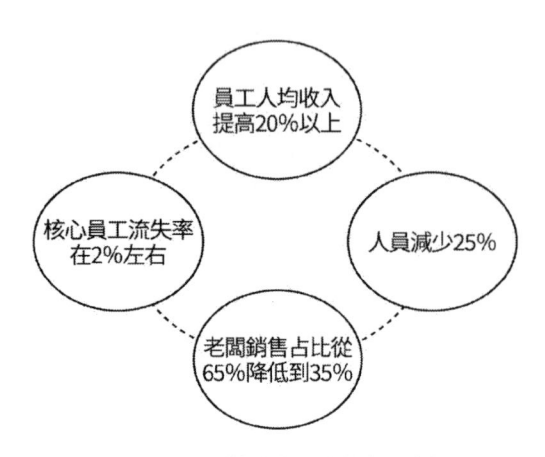

▲　圖 8-2　其他管理指標數據變化

我們為公司設計的雙贏績效，打通了員工賺錢的管道，每一個指標做得好都可以賺錢，實現了月月都可以為自己加薪，自己的收入自己主宰。假設一個員工每個月考核 5 個指標，一年下來，將有 60 次為自己主動加薪的機會，這極大地調動了員工的工作熱情和積極性。2016 年，公司銷售額環比成長 171%，員工人均收入提升 20%以上。在公司銷售額、員工人均收入成長的同時，公司的人均效率因管理的持續進步而得到了極為顯著的提升，人員數量不增反降，員工減少了 25%。相比較以前的核心員工大規模流失，2016 年的核心員工流失率不到 2%。更為可喜可賀的是，老闆銷售占比從 65%降低到 35%，這意味著老闆解脫了──讓老闆歸位，讓老闆真正有時間思考公司的策略、核心機制和團隊建設。在企業裡，老闆是成績最好的業務人員，可以毫不誇張地說，許多公司 50%以上的訂單都是老闆拿下來的。從以上資料我們可以看出，激發個體，使其不斷地產出高績效的價值創造，帶來的是組織績效的持續上升。

2017 年的公司銷售額環比成長狀況，如下圖所示：

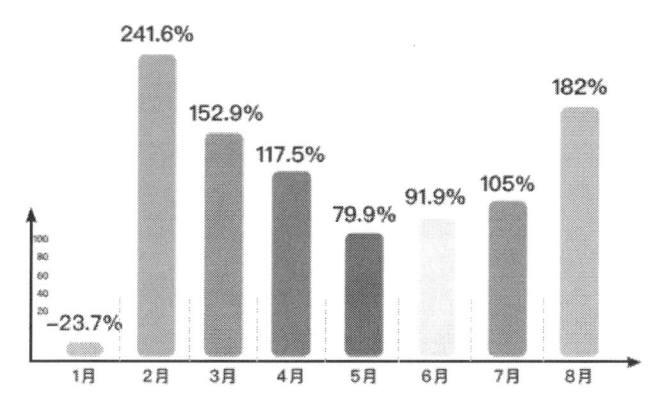

▲ 圖 8-3　2017 年公司管理變革階段成果（銷售成長率）

公司在 2017 年度，僅僅用了七個半月的時間，完成銷售額超越 2016 年全年總額，並且 2017 年度銷售額環比 2016 年成長了 176%。

隨著管理變革的深入，我們不斷為公司設計了未來的發展藍圖，為公司的發展夯實了管理基礎，並指明了發展的方向。

● 三、員工對變革的看法

在公司實施激發個體三部曲後，除了公司的經營指標、管理指標持續向好以外，員工是怎麼看待公司這場管理變革的？員工的內心想法是什麼？我們還是來看看以下兩位員工的感想吧！

〈淺談雙贏績效、積分制度實施後的感想〉

網優部：○○○

2016 年 12 月

在今年 2 月之前，也就是公司還沒有實施績效積分制度之前，公司一直處於無制度、無績效，一盤散沙的狀態。整個公司裡，同事之間表面一片「和諧」，因為沒有競爭，沒有績效，沒有目標，這也意味著沒有

第三篇　積分制實施應用篇

任何工作動力，除了業務部的同事，其他同事每天拿著「死薪水」，做著同樣的工作，日復一日，年復一年，工作熱情也從剛來公司的滿懷激情，慢慢消磨到現在的安於現狀，越發對工作、生活都沒有任何目標和追求了。因為公司對員工沒有任何栽培和要求，也沒有給員工對未來的任何期許，員工們一個個也都患上了「懶癌症候群」，當一天和尚敲一天鐘，老員工雖有心想改變但也無可奈何，漸漸地也一個個帶著失望離開了公司，而新員工來到公司也一直處於「放養」狀態，沒有工作制度的要求與約束，也沒有「師父」對自己諄諄教誨，不能很快掌握工作要領，也不能學習到新技能，整天變得無所事事，找不到目標，待不了多久也離開了公司。我也算是公司的老員工了，在這將近5年的時間裡，目睹了績效改革前後公司的整體變化，可以說我是見證公司改變的最大感受者。

起初呂總為了改變公司的這種狀態，想盡了各種辦法，最後不惜花重金聘請了有著豐富企業管理經驗的譚老師，選擇了雙贏績效、積分制管理的內部管理方法。在剛開始實施時，所有同事都感到不習慣，很痛苦……各種吐槽、各種抱怨、各種質疑接踵而來，其實也包括我自己，說實話，剛開始還真是各種不習慣。因為從以前的自由狀態到現在各種制度的約束，不習慣、痛苦是理所當然的。而隨著一個月、兩個月過去，經過績效積分制的洗禮，我發現，公司有很多地方都在悄然改善。不信，你聽我講。

在以前，公司同事對見面不問候都習以為常，認為同事之間已經非常熟悉了，問候會讓人彆扭。但就是這種小小的習慣反而讓同事之間始終保持著一種距離感，每個人都小心地說話，謹慎地完成自己分內的工作，有時候甚至加班加點，仍然想著要獨自完成，也不好意思麻煩他人，這就直接導致了工作效率始終得不到提升，同時對同事之間的感情交流和團隊建設也非常不利。而績效改革後，所有同事碰面都會面帶笑容地問候，在同事特別忙的時候，尤其是櫃檯需要搬貨測試時，有些男同事就會非常紳士地主動去幫忙，測試發貨的速度較之前明顯得到了提

高。這些現象都反映了同事之間的感情正在逐漸升溫，公司團隊建設也在逐漸完善。

另一方面，礙於很多顧慮，以前很多同事都不太善於表達自己，不敢發表任何意見，也不敢指正其他同事的錯誤，害怕得罪人。說得不好聽點，大家都是一副事不關己，漠不關心的姿態。而新制度實施之後，我發現，大多數同事都逐漸變得勇於表達自己，勇於挑戰接收分外的工作任務，如快樂大會的主持和會後心得分享，大家都無所顧忌地表達了自己的觀點，讓公司更進一步了解了員工心中所想，讓公司與員工的感情得到進一步昇華。再比如3月的xx展會，所有同事都盡力盡心去配合完成各自的任務……雖然其中也不乏不夠完美的地方，但大家能同心協力向一個目標而努力，這不就是最大的進步嗎？

績效實施後，公司還增加了人才培養的福利，如將積分最高的○○○送去專門的學習機構培養。透過這幾個月的觀察，我發現她不論是從工作表現，還是個人心態，都是全公司最好的。而相對於之前公司的「放養政策」，績效積分制的到來確實為公司帶來了新的生機。而員工本身不僅得到了良好的栽培機會，各方面能力也得到了提高。

不僅僅是學習機會的福利，公司對員工的福利政策也在逐漸放寬放大，如績效薪資的增加，快樂大會的各種禮品福利，xx動物園的旅遊福利，還包括公司之前透露的合作夥伴的超級福利……可以說，公司未來的發展不可估量，員工的福利也會越來越好。大家一起努力吧！

上面講的都是大的方向，我們再把視線移至員工個人。我們就拿美工來說好了，績效制度實施之前，不管是製圖水準，還是作圖效率，作為一名專業的美工而言，做出來的圖片都還是不夠理想的，三四天可能才完成一幅詳情頁。而績效實施之後，從美工的作圖水準和效率來看，美工同事的進步是非常大的。就拿xx展會的素材設計來看，不僅能夠及時做出來，做出來的效果圖也得到了公司領導層的認可和稱讚。

從以上細節我們都可以看出，公司在績效改革前後的變化是非常明

第三篇　積分制實施應用篇

顯的，總體發展方面還是非常不錯的，但任何事情都不可能做到完美，人如此，績效積分制度也是如此。公司的績效積分制還處在從不完善到完善的過渡中，可能在這期間很多同事會有質疑，會有抱怨等各種情緒，這是正常的。就像有些同事抱怨說積分制度的標準不完善、不合理，如櫃檯工作人員無法得到與其他同事同等的積分待遇，因為「天高皇帝遠」。我覺得這種質疑非常好，所有同事都要勇於指正績效制度不完善的地方，然後大家集思廣益，一起想辦法解決這個問題。只有大家齊心協力，我們才能更好更快地將績效制度早日完善，公司才能更快走上正軌，才能帶給大家更多的學習機會和福利。

〈從納悶到驚喜：公司實施積分制有感〉

網優部：○○○

2017 年 12 月

　　自從上了大學我就開始幻想著自己畢業後出來找工作的各種場景，轉眼間我的大學生活就結束了，同學們都各自有了自己的選擇，有人留在國內，有人出國深造，而我回到了自己的家鄉 A 市。畢業之後換了幾份工作，一次偶然的機會，透過應徵我來到了這家公司，就是在這裡我了解了雙贏績效、遊戲式積分制和事業合夥人管理。

　　公司把積分制用於對員工的管理，用積分來衡量員工的自我價值和考核員工的綜合表現，然後再透過各種積分排名，把福利待遇、調薪、年終獎金、事業合夥人資格、住房補貼等激勵項目與積分結合，並且向高分人群傾斜，從而激發員工的主觀能動性，充分調動員工的工作積極性。說句實話，我剛開始是牴觸和反感這樣的制度的，因為我感覺公司這是在給我們「畫餅」，給我們一個實現不了的承諾，在給我們「洗腦」，都是成年人了，公司還搞這樣的小把戲。真正讓我轉變思想是 2016 年年終總結大會，因為在那次大會上我看到，我原以為只是看得見而摸不到的承諾，在別人身上都一一兌現了，當時我的心情五味雜陳，也產生了非常深的感觸，為什麼人家都能拿到那麼高的獎金，而我卻一分也沒

第八章　積分管理應用標竿企業實操案例

有？別人能夠透過積分兌換 iPhone，而我為什麼不能？別人透過積分排名獲得了年終調薪，可以帶著家人一起出國旅遊，而我為什麼不能？回家之後我徹底失眠了，腦袋裡全是同事們上臺領獎的畫面，尤其是公司用紙鈔堆出的一束「鮮花」，很隆重、很莊嚴地遞交給我部門的同事，我看見他眼含熱淚，伸出顫抖的雙手，把「鮮花」捧在懷裡。那一刻，我的內心深處泛起層層的微波，心裡滿是感動、喜悅和對同事的祝福。很長一段時間，我似乎已經忘了感動的滋味，但是今天我已熱淚盈眶。我在反省自己，難道我的能力不如他們？我平時那種不甘落後的精神都到哪裡去了呢？不行，我要重新找回我自己，我也要賺高分，也要拿第一！也就是在那天晚上我為自己定了一個目標，2017 年一定要拿到積分第一名，一定要在公司有所作為。

　　一分耕耘一分收穫，我不遲到不早退，每個月公司在制度 A 分裡替我加了 400 分；我能歌善舞，並且還能擔任公司康樂活動、重大會議、晨會的主持，每個月都有固定的基礎 B 積分來認可我的這些特長；我幫助同事、主動加班，公司又會在貢獻 D 分裡給我加分；我月度績效等級是 S 級，在績效 C 分得到了 3000 分，平時工作不出差錯，少出差錯，又在績效 C 分獲得了 300 分……這些加分的項目數不勝數，帶來的都是滿滿的公司對我的肯定與認可。我很喜歡這樣的管理制度，看著身邊的同事都積極做事，重視積分，我也迅速適應了積分制，享受著積分制帶給我的各項福利、獎勵，我很快樂，也很開心能在這樣的制度下工作。每一次嘗試、每一次進步，公司都用積分的形式給我鼓勵，每一次工作中的失誤，公司都用扣分讓我提高了警惕，告誡自己下一次不能再犯錯。

　　在來公司之前，在別的公司我一直都很排斥、反感開會，為什麼呢？因為參加了很多次會議，這些會議大多都是開幾個小時以上，時間長不說，會議內容還特別枯燥，而在我們公司，員工大會變成了一種享受，各種員工自編自導自演的節目閃亮登場，讓人目不暇接，臺上精采紛呈，臺下歡呼聲、掌聲、笑聲響成一片。員工積分抽獎環節也是高潮迭起，各種獎項最後被積分高、排名靠前的員工收入囊中。

第三篇　積分制實施應用篇

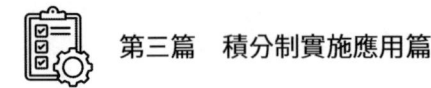

　　積分排名靠前的員工可以參加旅遊活動，可以兌換各種福利產品，還可以用積分來「抖內」，我就用我的積分「抖內」了幫助過我的同事，在這裡真心再次向你們致謝，謝謝你們幫助我！最有意思的是一次競拍活動，公司拿出車位、手機等物品實行競拍，誰出的積分最高誰將競拍品收入囊中，此次拍賣會共有30多名同事參與，現場氣氛十分熱烈，號碼牌此起彼伏，「價格」上升速度也看得人眼花撩亂，現場同事們都喊破了嗓子，刺激又好玩，叫人回味無窮。

　　在積分制管理的模式下，公司快速健康發展，同行都看到了公司在短短的一年時間裡銷售額突飛猛進、管理日新月異，都願意到公司和呂總開展學習、交流。同時我也開心快樂地成長，我相信自己在這樣一個好的平臺下，能夠最大化地挖掘出自己的潛能，提升自己的同時能為公司創造價值，相信自己、相信積分，相信在這個溫馨的大家庭中，我能演繹自己的精采人生！

附：員工訪談匯總摘要

來公司的總體感受如何？

（一）激勵機制方面

a. 員工抱怨比較多，因為薪資比較低，員工的薪酬制度、激勵機制很缺乏；

b. 銷售提成的機制，按照毛利來計提比較好，現在是按照銷售額來提；

c. 部門分工不明確，採購要負責售後，櫃檯也要負責銷售；

d. 有些獎勵制度不明確，銷售提成制度被很多人吐槽，身邊都是負能量的人，大家的情緒比較低落。

（二）公司文化與團隊建設方面

a. 新員工來了以後很迷茫，不知道怎麼做，不知道做什麼，不知道提升什麼能力，沒有人來告訴他們該怎麼辦；

b. 公司的氛圍不好，但是最近比起以前要好多了，工作沒有熱忱，同事之間也不是很團結；

c. 工作很輕鬆，部門之間的一些配合不太好，營運和電商部之間的溝通經常會有問題；

附：員工訪談匯總摘要

　　d. 公司的活動不夠多，員工對公司沒有歸屬感；感覺自己只是個外人，沒有安全感和歸屬感；不完成業績就要扣底薪，感覺公司不夠大氣；

　　e. 不能對公司提意見，如果提了，就會導致老闆對你有意見，所以，通常也不會講出來。

> 管理改善點：員工激勵體系建設，明確職位責任，企業使命（願景價值觀），企業文化落實活動，公司晨會制，新員工導師制。

對公司未來發展有什麼展望？

　　a. 呂總的想法很好，但公司未來的發展平平，公司員工的流失率很高，不知道什麼原因；

　　b. 對公司的發展還是有信心的，公司的制度做了一些改變，也知道老闆在上一些課程，看到了老闆也在改變；

　　c. 按照現狀來說，想要擴大規模很難，維持是可以的；

　　d. 目前公司在這個行業裡面觀念是比較好的；

　　e. 公司發展應該是穩定的，前景是光明的，但沒有到讓人眼睛一亮。

個人付出和薪酬匹配程度如何？

　　a. 感覺很多人想做，但是沒有動起來，現在對績效面談比較反感，寧可不要這幾千塊錢，也不要面談；

　　b. 前期的銷售提成方式會好點，但現在的銷售提成方式不好，按照不同的客戶、按照不同的比例折算銷售額，非常麻煩，也不科學，希望

改進一下；

　　c. 在 A 市，薪資 30,000 多元，實在是不好意思開口說這個，很不滿意！當然，有的時候也會體諒公司的難處。

> 管理改善點：銷售體系提成與績效薪酬。

在公司工作愉快嗎？

　　a. 工作氛圍還不錯，人際關係也不錯，部門關係處理得不錯；

　　b. 公司的氛圍普通，滿安靜的，部門缺乏溝通，感覺心情不是很愉悅，付出了沒有報酬；

　　c. 感覺是養老的公司，不會讓人很興奮的公司，更喜歡付出會有價值報酬的公司；

　　d. 公司的氛圍普通，不能說好也不能說不好，公司不存在拉幫結派、利己主義。

> 管理改善點：全員積分制管理：快樂工作，努力工作。

在公司有沒有職業發展機會？

　　a. 還沒有想過這些方面的事情，現在只是想工作賺錢而已；

　　b. 沒有想過未來會怎麼樣，目前只是想月薪破五萬，自己的能力得到提升。

> 管理改善點：員工職業發展體系。

附：員工訪談匯總摘要

希望有一個什麼樣的上司？

a. 理解我們，指導我們，可以推心置腹地交流，替我們解決問題；

b. 老闆一定要有企圖心，我喜歡銳意進取的老闆，而不是綿羊類型的。我們的呂總是一個溫和、民主的人，不是特別嚴屬的。不要太平易近人，要有熱情，要有幹勁。

> 管理改善點：領導力建設，有效的管理者。

公司是否有相關的學習與發展機會以幫助提升技能？

a. 基本上沒有什麼培訓的機會，只有一些產品知識的培訓和呂總從網路上下載的一些影片；

b. 業務人員不了解產品知識，產品有什麼優勢，感覺還不是很清晰。網路銷售對產品知識的了解甚至還不如我這個櫃檯。客戶問到我一些問題，我都會把這些問題累積起來。

> 管理改善點：分層分類產品知識培訓。

公司最需要改進的方面有哪些？

a. 公司規章制度的建立，部門的建設和業務發展定位，員工的培訓機制，增加內訓和外訓的次數；

b. 公司的制度要寫清楚，從入職開始，到工作交接，公司培訓，工作的規則，到離職的處理等；

　　c. 產品價格很亂，價格不統一，不同的人有不同的報價，內部不團結；

　　d. 公司需要很多的培訓，業務人員自己都不願意學東西，技術方面也需要培訓；

　　e. 銷售提成是比較難拿的，業務員比例較多，希望改進銷售激勵；

　　f. 公司要簡化工作流程，採購流程、售後流程還存在一些比較煩瑣的事項。公司的團隊建設，公司的文化建設，部門的工作氛圍，現在是一片散沙，完全沒有年輕人的朝氣和熱情。

> 管理改善點：基礎管理制度整理與完善客戶問題歸類，並編制銷售話術，提升業務人員專業性，提高銷售轉化率。

其他

　　中午吃飯和休息時間太短，希望可以延遲到 13：30 上班，哪怕下班晚一點都可以。

附：員工訪談匯總摘要

結束語　ENDING

　　企業激勵體系變革，要觸動固有的利益格局，而觸動利益往往比觸及靈魂還難。但是，再深的水也得趟，因為現在不變革，意味著未來變革會更難。改革改的永遠是「給誰做，做完怎麼分」的問題！而利益矛盾是一切矛盾的根本，要解決利益矛盾，就要建立起一套有效的、全方位的價值評價體系。

　　在積分管理設計與實施的過程中，各個企業的做法和期望效果有些差距，大家特別渴望一套成熟、系統、適用的理論模式和方法作為指導和參考，以便能真正地全方位量化評價員工對企業的價值貢獻，這正是我寫這本書的主要動力來源——幫助企業家、高管、HR 管理人員，探索、驗證、總結出一套行之有效的、具有特色的管理方法論。

　　最後，非常感謝邀請我們進行專案輔導和內訓的企業，以及參加過我們的公開課的企業家朋友和 HR 高管。在本書編寫的過程中，他們提出了許多寶貴的意見和建議，使得我們如約完成了本書的編寫，再次對你們表達誠摯的感謝！

　　衷心希望得到各位讀者的回饋和建議，在此深表謝意。

譚文平、高國棟

積分管理學，高效提升企業競爭力：

如期達標加分、未達標準扣分、超額發揮獎分，以分數為誘因，刺激新人的榮譽感，找回老員工的積極性！

作　　　者：	譚文平，高國棟
責任編輯：	高惠娟
發 行 人：	黃振庭
出 版 者：	樂律文化事業有限公司
發 行 者：	崧博出版事業有限公司
E - m a i l：	sonbookservice@gmail.com
粉 絲 頁：	https://www.facebook.com/sonbookss/
網　　　址：	https://sonbook.net/
地　　　址：	台北市中正區重慶南路一段61號8樓

8F., No.61, Sec. 1, Chongqing S. Rd., Zhongzheng Dist., Taipei City 100, Taiwan

電　　　話：	(02)2370-3310
傳　　　真：	(02)2388-1990
律師顧問：	廣華律師事務所 張珮琦律師
定　　　價：	350 元
發 行 日 期：	2024 年 09 月第一版

◎本書以 POD 印製

Design Assets from Freepik.com

國家圖書館出版品預行編目資料

積分管理學，高效提升企業競爭力：如期達標加分、未達標準扣分、超額發揮獎分，以分數為誘因，刺激新人的榮譽感，找回老員工的積極性！/ 譚文平，高國棟 著 . -- 第一版 . -- 臺北市：樂律文化事業有限公司, 2024.09
面；　公分
POD 版
ISBN 978-626-7552-25-4(平裝)
1.CST: 績效管理 2.CST: 人事管理
494.3　　113012696

電子書購買

爽讀 APP　　臉書